CHIJIUXING YOUJI WURANWU YU
SHENGWU FENZI DE XIANGHU ZUOYONG

持久性有机污染物与
生物分子的相互作用

赵 刚　　鲁奇林　编著

U0230909

化学工业出版社

·北京·

本书系统地介绍了有机污染物小分子与生物大分子相互作用的领域中所应用的多种光谱学方法、色谱分离方法及计算机化学方法，包括研究方法及技术的基本原理及应用；同时以研究角度从分子水平介绍了有机小分子与生物大分子相互作用的研究实例，图文并茂，理论与实用并重。

本书适合化学、生物、环境等领域科研人员以及大专院校相关专业师生参考。

图书在版编目（CIP）数据

持久性有机污染物与生物分子的相互作用/赵刚，
鲁奇林编著. —北京：化学工业出版社，2017.12
ISBN 978-7-122-30867-2

Ⅰ. ①持… Ⅱ. ①赵… ②鲁… Ⅲ. ①持久性-有机
污染物-相互作用-生物小分子-研究 Ⅳ. ①X5②Q74

中国版本图书馆 CIP 数据核字（2017）第 263514 号

责任编辑：曾照华　　　　　　　　　　文字编辑：汲永臻
责任校对：王素芹　　　　　　　　　　装帧设计：王晓宇

出版发行：化学工业出版社（北京市东城区青年湖南街 13 号　邮政编码 100011）
印　　装：河北鹏润印刷有限公司
710mm×1000mm　1/16　印张 11¼　字数 199 千字　2019 年 3 月北京第 1 版第 1 次印刷

购书咨询：010-64518888（传真：010-64519686）　　售后服务：010-64518899
网　　址：http://www.cip.com.cn
凡购买本书，如有缺损质量问题，本社销售中心负责调换。

定　　价：69.00 元

前言
FOREWORD

　　全球工农业的快速发展对环境造成的污染问题日益严重，持久性有机污染物（POPs）因其高毒性、持久性和蓄积性等特点，对环境安全和人类健康具有严重危害。国内外对于如何控制和消除环境中POPs的相关法律法规也在不断修订完善。POPs与蛋白质作用机理的研究是化学、生物学等学科的重要课题，也为诊断和预防提供了重要参考。

　　本书主要分两个部分论述环境中持久性有机污染物与生物大分子相互作用的机制。第一部分主要介绍POPs的性质、来源及其检测方法；第二部分介绍用紫外-可见光谱法、荧光光谱法、红外光谱法和圆二色光谱法等多种光谱法研究几种典型的POPs与蛋白质作用的实例。本书参考了大量有价值的行业书籍以及相关国家和行业标准，并结合多年的教学和科研经验编著而成。

　　参加本书整理工作的有顾佳丽、秦宏伟、刘国成、朱烈，由赵刚统编定稿。渤海大学包德才教授为本书的编写提供了大量的资料和宝贵的建议，借此一并表示衷心的感谢。

　　由于编著者的水平有限，不妥和疏漏之处在所难免，恳请同行专家和广大读者批评指正。

编著者

2019 年 1 月

目录
CONTENTS

第1章
持久性有机污染物

1.1 POPs 概述

1.1.1 POPs 定义

持久性有机污染物（persistent organic pollutants，POPs）指能持久存在于环境中，并通过各种环境介质（大气、水、生物体等）长距离迁移及生物食物链（网）累积，对人类健康和环境具有严重危害的天然或人工合成的有机污染物质。

1.1.2 POPs 性质

（1）高毒性

POPs 物质在低浓度时也会对生物体造成伤害，POPs 大多具有强烈的"三致"（致癌、致畸、致突变）效应，人类和动物通过饮食和环境污染的途径摄入或接触到 POPs，将可能使生殖、遗传、免疫、神经、内分泌等系统受到严重的负面影响，危害身体健康。例如，二噁英类物质中毒性最强者的毒性相当于氰化钾的 1000 倍以上，号称是世界上最毒的化合物之一。每人每日能容忍的二噁英摄入量为每公斤体重 1pg，二噁英中的 2,3,7,8-四氯二苯并-p-二噁英（2,3,7,8-TCDD）只需几十皮克就足以使豚鼠毙命，连续数天施以每公斤体重若干皮克的喂量能使孕猴流产。POPs 物质还具有生物放大效应，POPs 也可以通过生物链逐渐积聚至高浓度，从而造成更大的危害。

（2）持久性

POPs 结构非常稳定，对于光、热、微生物、生物代谢酶等各种环境具有很强的抵抗能力，在自然条件下很难发生降解，能够长期在环境里存留。一旦进入环境中，将在水体、土壤和底泥等环境介质以及生物体中长期残留，时间可长达数年，甚至数十年。例如，二噁英系列物质在气相中的半衰期为 8～400 天，水相中为 166 天到 2119 年，在土壤和沉积物中为 17～273 年。

（3）蓄积性

POPs 在自然环境里可能浓度很低，但是它可以通过大气、水、土壤进入植或者低等的生物体内。POPs 具有高亲油性和高憎水性，即不溶或者微溶于水，而易进入到脂肪中，因此能在活生物体的脂肪组织中进行生物积累。由于野生动物以及人体中都含有相当数量的脂肪组织，当 POPs 通过各种途径为生物体所摄入后，就会在脂肪组织中累积形成"生物蓄积"，其浓度一般远高于周围环境介质中的 POPs 浓度，形成所谓的"生物浓缩"。在食物链中由于捕食关系的存在，处于更高营养级的生物因不断地捕食体内含有 POPs 的低营养级生物，其体内将会蓄积更高浓度的 POPs，即通过食物链逐级放大，而人类处于食物链的最高级，这种沿食物链的生物放大作用无疑意味着人类将可能受到更高浓度 POPs 的毒害。

（4）迁移性

POPs 可以通过风和水流传播到很远的距离。POPs 物质一般是半挥发性物质，这使得它们能够在室温下通过蒸发进入大气层，因此，它们能从水体或土壤中以蒸气形式进入大气环境或者附在大气中的颗粒物上。由于其具有持久性，所以能在大气环境中远距离迁移而不会全部被降解，但半挥发性又使得它们不会永久停留在大气层中，它们会在一定条件下又沉降下来，然后又在某些条件下挥发。这样的挥发和沉降重复多次就可以导致 POPs 分散到地球上各个地方。也正是因为这种性质使得 POPs 容易从比较暖和的地方迁移到比较冷的地方，像北极圈这种远离污染源的地方都发现了 POPs 污染。

1.1.3 判断标准

判断一种物质是否是 POPs 应当建立科学的判断基准，ICCA（化学品协会国际理事会）推荐的判断基准包括以下几种：

① 持久性基准　用半衰期（$t_{1/2}$）来判断，在水体中为 180 天，在底泥中为 360 天，在土壤中为 360 天；

② 生物蓄积性基准　用生物富集系数（BCF）来判断，BCF>5000；

③ 关于远距离迁移并返回到地球上的基准　半衰期 2d（空气中）以及蒸气压在 0.01～1kPa；

④ 判断在偏远的极低地区一种物质是否存在的基准　该物质在水体中质量浓度大于 10ng/L。

1.1.4　POPs 国际公约

为了推动 POPs 的淘汰和削减、保护人类健康和环境免受 POPs 的危害，在联合国环境规划署（UNEP）主持下，2001 年 5 月 23 日包括中国政府在内的 92 个国家和区域经济一体化组织签署了斯德哥尔摩公约，其全称是《关于持久性有机污染物的斯德哥尔摩公约》，又称 POPs 公约。此公约被认为是继《巴塞尔公约》《鹿特丹公约》之后，国际社会在有毒化学品管理控制方面迈出的极为重要的一大步。

2001 年 5 月，中国率先签署了《斯德哥尔摩公约》，这一公约是国际社会为保护人类免受持久性有机污染物危害而采取的共同行动，是继《蒙特利尔议定书》后第二个对发展中国家具有明确强制减排义务的环境公约，落实这一公约对人类社会的可持续发展具有重要意义。国务院批准了《中国履行斯德哥尔摩公约国家实施计划》（以下简称《国家实施计划》），为落实《国家实施计划》要求，2009 年 4 月 16 日，环境保护部会同国家发展改革委员会等 10 个相关管理部门联合发布公告（2009 年 23 号），决定自 2009 年 5 月 17 日起，禁止在中国境内生产、流通、使用和进出口滴滴涕、氯丹、灭蚁灵及六氯苯（滴滴涕用于可接受用途除外），兑现了中国关于 2009 年 5 月停止特定豁免用途、全面淘汰杀虫剂 POPs 的履约承诺，实现了中国履行《斯德哥尔摩公约》的阶段性目标。

1998 年 6 月在丹麦奥胡斯召开的泛欧环境部长会议上，美国、加拿大和欧洲的 32 个国家正式签署了《关于长距离越境空气污染公约》（LRTAP）框架下的持久性有机污染物协议书。该协议书规定，禁止或削减 POPs 物质的排放并禁止和逐步淘汰某些含有 POPs 产品的生产。协议书中所提出的受控 POPs 共 16 种（类），除 UNEP 中提出的 12 种物质（杀虫剂、工业化学品和生产中的副产品）之外，还包括六溴联苯、林丹、多环芳烃和开蓬（十氯酮）。

事实上，符合 POPs 定义的化学物质还远远不止上面所提到的 12 种或 16 种，一些机构和非政府组织已相继提出了关于新 POPs 的建议。2004 年 8 月，欧盟在一份题为"化学污染：委员会想从世界上清除更多的肮脏物质"的新闻稿中提议扩大 POPs 名单，拟在《斯德哥尔摩公约》中加入下列 10 种新 POPs：开蓬、六溴联苯、六六六（包括林丹）、多环芳烃、六氯丁二烯、八溴联苯醚、十溴联苯醚、五氯苯、多氯化萘（PCN）和短链氯化石蜡。另外一些被学术界或非政府组织提名的新 POPs 物质包括：毒死蜱、阿特拉津和全氟辛烷磺酸类。

1.2 POPs 种类及来源

1.2.1 POPs 分类

国际 POPs 公约首批持久性有机污染物分为有机氯杀虫剂、工业化学品和非故意生产的副产物三类。

1.2.1.1 有机氯杀虫剂

（1）艾氏剂

艾氏剂，中文名六氯-六氢-二亚甲基萘（aldrin），一种有机氯杀虫剂，在农业上用于防治农作物害虫，施于土壤中，用于清除白蚁、蚱蜢、南瓜十二星叶甲和其他昆虫。

分子结构为：

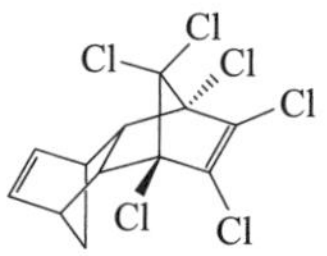

但研究表明，艾氏剂可引起中枢神经系统损害。中毒后发生头痛、恶心、呕吐、眩晕、四肢肌肉痉挛、共济失调。重症出现中枢性发热、全身性抽搐，多呈强直性阵挛性抽搐，可反复发作，并出现昏迷。吸入该品还可发生肺水肿、肝肾功能异常，甚至引起人肝功能障碍、致癌。

（2）狄氏剂

狄氏剂，中文名为六氯-环氧八氢-二亚甲基萘（dieldrin），分子式 $C_{12}H_8C_6O$，分子量 380.9，蒸气压 0.72 MPa（25℃），熔点 175～176℃，相对密度 1.75，对酸或碱都稳定，危险标记 14（有毒品）。

分子结构为：

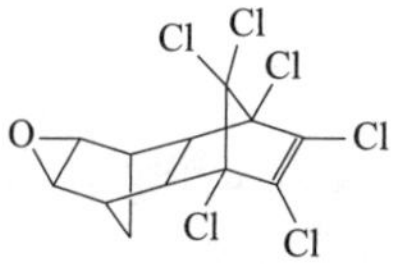

纯品为白色无臭晶体，工业品为褐色固体，不溶于水，溶于丙酮、苯和

四氯化碳等有机溶剂。用作土壤杀虫剂的艾氏剂是环境中狄氏剂（高达97％）的主要来源。艾氏剂和反应产生的狄氏剂很快被土壤吸收，特别是当土壤中含有丰富的有机质时，因而几乎不渗透土壤而且通常不发生地下水的污染。两种化合物的迁移主要经由土壤侵蚀（随风漂移）和沉积迁移（地表径流），而不是通过溶渗。艾氏剂和狄氏剂在农业上的使用，使土壤中出现了残留物（主要是狄氏剂），持续期以年计。估计半衰期在4～7年。这些化合物在热带条件下比温带条件下存留期要短。由于处理庄稼和土地，或直接由于杀虫剂的施用，艾氏剂和狄氏剂通过挥发而进入空气。狄氏剂又随水洗刷和干尘降返回到土壤和水表面。因而这些化合物可在气相中测得（通常在1～2ng/m³ 很低水平），或吸附在尘颗粒或降水中（10～20ng/L）。水中生物体对狄氏剂有很高的富集能力，水中很低的含量水平可导致生物体达到有毒的水平。在地球系统中，艾氏剂和狄氏剂以各种形态积累在生物体内，但主要以狄氏剂形式存在。狄氏剂很可能要对田野哺乳动物的死亡和某些物种数量下降负责。

狄氏剂目前主要用来控制白蚁、纺织品害虫，防治热带蚊蝇传播疾病，部分用于农业，但由于其高毒性，于1948年被67个国家禁止，9个国家限制。

（3）异狄氏剂

异狄氏剂，中文全称为1,2,3,4,10,10-六氯-6,7-环氧-1,4,4a,5,6,7,8,8a-八氢-1,4-挂-5,8-挂-二亚甲基萘（endrin），系狄氏剂的立体异构体，属于一种有机氯农药。白色晶体，相对密度1.65（水=1）（25℃），蒸气压0.266×10⁻⁴Pa（25℃），熔点245℃（分解），不溶于水，难溶于醇、石油烃，溶于苯、丙酮、二甲苯，辛醇/水分配系数的对数值5.34，稳定。

分子结构为：

主要用途为棉花和谷物等作物的叶片杀虫剂，也用于控制啮齿动物。1951年开始生产，人体中毒后症状有头痛、眩晕、乏力、食欲不振、视力模糊、失眠、震颤等，重者引起昏迷。已被67个国家禁止，9个国家限制。

（4）氯丹

氯丹，中文名八氯化甲桥茚（chlordane），一种残留性杀虫剂，具有较长残留期，在杀虫浓度下对植物无药害，能杀灭地下害虫，如蝼蛄、地老虎、稻草害虫等，对防治白蚁效果显著。

分子结构为：

氯丹对环境有严重危害，透过表层土壤可渗透到地下水系统。对水体、土壤和大气可造成污染，经过 15～20 年才能被分解。急性中毒症状发生较快，几小时内即可能死亡。主要症状为中枢神经系统兴奋症状，如激动、震颤、全身抽搐；摄入中毒的症状出现更快，有恶心、呕吐、全身抽搐。严重中毒在抽搐剧烈和反复发作后陷入木僵、昏迷和呼吸衰竭。由于其高毒性，同样被《关于持久性有机污染物的斯德哥尔摩公约》中 57 个国家禁止，17 个国家限制。

（5）滴滴涕

滴滴涕（DDT），化学名为双对氯苯基三氯乙烷（dichlorodiphenyl trichloroethane，DDT），其中文名称滴滴涕从英文缩写 DDT 而来，化学式 $(ClC_6H_4)_2CH(CCl_3)$，是有机氯类杀虫剂。

分子结构为：

滴滴涕为白色晶体，不溶于水，溶于煤油，可制成乳剂，是有效的杀虫剂。曾用作农药杀虫剂，在 20 世纪上半叶防止农业病虫害、减轻疟疾伤寒等蚊蝇传播的疾病危害中起到了不小的作用，目前用于防治蚊蝇传播的疾病。但由于其对环境污染过于严重，目前已被 65 个国家禁止，26 个国家限制。

（6）七氯

七氯（heptachlor），又称七氯化茚，是一种有机氯化合物，属于环二烯类杀虫剂。

分子结构为：

其化学结构稳定,不溶于水,对光、湿气、酸、碱、氧化剂均稳定。纯品为具有樟脑气味的白色晶体,挥发性较大。工业品七氯为茶褐色软蜡状固体,含七氯约 72%,不溶于水,溶于多数有机溶剂,如乙醇、醚类、芳烃、丙酮、四氯化碳以及煤油等。

七氯不易分解和降解,会在环境里滞留较长时间,且有可能伴随饮用水、牛奶和食物进入生物乃至人体内。七氯的半衰期是 1.3～4.2 天(空气中),0.03～0.11 年(水中)和 0.4～0.8 年(土壤中)。一项研究称,在施用七氯 14 年后,仍可在土壤里检验出它的成分。和其他持续性有机污染物一样,七氯是亲油性的,这使它会富集在动物体内的脂肪中。虽然七氯在水中的溶解度不高,但由于它在土壤中停留时间较长,七氯和其衍生物环氧七氯仍然会缓慢地对地下水产生污染。

七氯具有较强的毒性,对几种实验鱼类的 96h 半致死剂量范围为 5～23μg/L,并且七氯可以在海洋生物体内富集,在某些鱼类和软体动物体内的七氯可以达到其生存水体中七氯含量的 200～37000 倍。经口七氯的小鼠的半致死剂量是 40～162mg/kg。环氧七氯的经口半致死剂量略低,为 46.5～60mg/kg。七氯的一种氢化物——β-二氢七氯茚,虽然具有较高的杀虫能力,对哺乳动物的毒性却相对较低,小鼠经口半致死剂量为 5000mg/kg。

考虑到七氯的较强毒性和在环境中较长的停留时间,1995 年的《斯德哥尔摩公约》将七氯列为 12 种持久性有机污染物之一,目前已被 59 个国家禁止,11 个国家限制。

(7) 灭蚁灵

灭蚁灵(mirex),中文名为十二氯代八氢-亚甲基-环丁并 [c, d] 戊搭烯,分子式 $C_{10}Cl_{12}$。

分子结构为:

白色无味结晶体,挥发性很小。分子量 545.59,沸点 485℃/分解,熔点 485℃,不溶于水,溶于苯类溶剂,溶于苯(12.2%)、四氯化碳(7.2%)、二甲苯(14.3%),相对密度(空气＝1)18.8。与硫酸、硝酸和盐酸不起作用,危险标记 15(有害品,远离食品)。主要用于杀灭火蚁、白蚁以及其他蚂蚁,目前已被 52 个国家禁止,10 个国家限制。

（8）毒杀芬

毒杀芬（toxaphene），中文名称为氯化莰、氯化莰烯、八氯莰烯、氯代莰烯、3956、多氯莰烯，分子式为 $C_{10}H_{10}Cl_8$。毒杀芬为乳白色或琥珀色蜡样固体（纯品为无色结晶），具有萜类气味。不溶于水，易溶于有机溶剂。

分子结构为：

熔点 65～90℃，沸点 155℃分解，相对密度 1.65（25℃）。温度高于 155℃逐渐分解，不易挥发，不可燃。受日光或受热后缓缓放出氯化氢，在碱性或铁化合物存在下分解速率快。危险标记 14（剧毒品）。主要用途：用作杀虫剂。

本品有樟脑样的兴奋作用，是全身抽搐性毒物。对皮肤有刺激作用，有因采隔天喷过本品的植物引起中毒的报告，另有儿童误服致死的报道。毒杀芬本身在常温下不挥发，多因食物污染或经皮肤侵入引起中毒，于数小时后突然出现间歇性强直性痉挛或休克，常以恶心、呕吐为先兆。严重者痉挛间歇逐渐缩短，终因窒息而死亡。恢复者常遗留神经衰弱及健忘症。皮肤接触时，可出现皮炎、局部红肿或生成脓疮。中等毒类，急性毒性较 DDT 强两倍，蓄积作用不明显。毒杀芬在农业中用作接触杀虫剂时进入环境，可随农田的地表污水及大气降水进入水体和地下水中。毒杀芬从土壤中迁移，当它在土壤中的含量水平是 10mg/kg 时，在空气中为 2.5mg/m³，在水中为 0.7mg/L，在植物中为 7mg/kg。主要用作棉花、谷类、水果、坚果和蔬菜杀虫剂，目前已被 57 个国家禁止，12 个国家限制。

1.2.1.2 工业化学品

（1）多氯联苯

多氯联苯，别名氯化联苯，英文名称 polychlorinated biphenyls、poly-chlorodiphenyls（PCBs），按氯原子数或氯的含量分别加以标号，我国习惯上按联苯上被氯取代的个数（不论其取代位置）将 PCB 分为三氯联苯（PCB₃）、四氯联苯（PCB₄）、五氯联苯（PCB₅）、六氯联苯（PCB₆）、七氯联苯（PCB₇）、八氯联苯（PCB₈）、九氯联苯（PCB₉）、十氯联苯（PCB₁₀）。

PCB 的物理化学性质极为稳定，高度耐酸碱和抗氧化，它对金属无腐蚀性，具有良好的电绝缘性和很好的耐热性，除一氯化物和二氯化物外均为不燃物质。PCB用途很广，可作绝缘油、热载体和润滑油等，还可作为许多种工业产品（如各种树脂、橡胶、结合剂、涂料、复写纸、陶釉、防火剂、农药延效剂、染料分散剂）的添加剂。

但多氯联苯属于致癌物质，多氯联苯极难溶于水而易溶于脂肪和有机溶剂，并且极难分解，因而能够在生物体脂肪中大量富集，造成脑部、皮肤及内脏的疾病，并影响神经、生殖及免疫系统，具有致癌性和致突变性。

（2）六氯苯

六氯苯（hexachlorobenzene，HCB），别名灭黑穗药，分子式为C_6Cl_6。六氯苯在常温下为无色的晶状固体，熔点为230℃，于822℃升华。20℃的蒸气压为$1.45 \times 10^{-3} Pa$，辛醇-水分配系数的对数为5.2，难溶于水，在水中的溶解度为$5\mu g/L$，微溶于乙醇，溶于热的苯、氯仿、乙醚，是一种选择性的有机氯抗真菌剂。

分子结构为：

化学性质比较稳定，不怕酸，但在高温下，在碱性溶液中能分解生成五氯酚钠盐，受高热分解产生有毒的腐蚀性烟气。六氯苯作为化工生产的中间体，主要用于生产花炮，作焰火色剂；用作拌种杀菌剂，可防治小麦腥黑穗病和秆黑穗病，种子和土壤消毒；还用作五氯酚及五氯酚钠的原料。

六氯苯接触后引起眼刺激、烧灼感、口鼻发干、疲乏、头痛、恶心等；中毒时可影响肝脏、中枢神经系统和心血管系统，可致皮肤溃疡；对环境有严重危害，对水体可造成污染；燃爆危险：该品可燃，具刺激性；IARC致癌性评论：G_2B，为可疑致癌物。目前已被59个国家禁止，9个国家限制。

1.2.1.3 生产中的副产品

（1）二噁英

二噁英（dioxin），又称二氧杂茛，是一种无色无味、毒性严重的脂溶性物质，它指的并不是一种单一物质，而是结构和性质都很相似的包含众多同类物或异构体的两大类有机化合物，二噁英包括210种化合物。二噁英性质稳定，土壤中的半衰期为12年，气态二噁英在空气中光化学分解的半衰期为8.3d，在人体内降解缓慢。这类物质非常稳定，熔点较高，极难溶于水，可以溶于大部分有机溶剂，是无色无味的脂溶性物质，所以非常容易在生物体内积累，对人体危害严重。二噁英是一种含氯的强毒性有机化学物质，在自然界中几乎不存在，只有通过化学合成才能产生，是目前人类创造的最可怕的化学物质，被称为"地球上毒性最强的毒物"。

二噁英是一类剧毒物质，其毒性相当于人们熟知的剧毒物质氰化物的130倍、砒霜的900倍。大量的动物实验表明，很低浓度的二噁英就对动物表现出致死效应。从职业暴露和工业事故受害者身上已得到一些二噁英对人体的毒性数据及临床表现，暴露在含有多氯代二苯（PCDD）或异构体多氯二苯并呋喃（PCDF）的环境中，可引起皮肤痤疮、头痛、失聪、忧郁、失眠等症，并可能导致染色体损伤、心力衰竭、癌症等。有研究结果指出，二噁英还可能导致胎儿生长不良、男性精子数明显减少等，它侵入人体的途径包括饮食、空气吸入和皮肤接触。一些专家指出：人类暴露于含二噁英污染的环境中，可能引起男性生育能力丧失、不育症，女性青春期提前、胎儿及哺乳期婴儿疾患、免疫功能下降、智商降低、精神疾患等。

大气环境中的二噁英来源复杂，包括钢铁冶炼，有色金属冶炼，汽车尾气，焚烧生产（包括医药废水焚烧、化工厂的废物焚烧、生活垃圾焚烧、燃煤电厂等）。含铅汽油、煤、防腐处理过的木材以及石油产品、各种废弃物特别是医疗废弃物在燃烧温度低于 $300 \sim 400 \, ^{\circ}\mathrm{C}$ 时容易产生二噁英。聚氯乙烯塑料、纸张、氯气以及某些农药的生产环节、钢铁冶炼、催化剂高温氯气活化等过程都可向环境中释放二噁英。二噁英还作为杂质存在于一些农药产品如五氯酚、2,4,5-T 等中。

城市生活垃圾焚烧产生的二噁英受到的关注程度最高，焚烧生活垃圾产生二噁英的机理比较复杂，研究的人员最多。主要有三种途径：含氯垃圾不完全燃烧，极易生成二噁英；其他含氯、含碳物质如纸张、木制品、食物残渣等经过铜、钴等金属离子的催化作用不经氯苯生成二噁英；在制造包括农药在内的化学物质，尤其是氯系化学物质，像杀虫剂、除草剂、木材防腐剂、落叶剂（美军用于越战）、多氯联苯等产品的过程中派生。

尽管二噁英来源于本地，但环境分布是全球性的。世界上几乎所有媒介上都被发现有二噁英。这些化合物聚积最严重的地方是在土壤、沉淀物和食品，特别是乳制品、肉类、鱼类和贝壳类食品中。另外，在食品加工过程中，加工介质（如溶剂油、传热介质等）的异常泄漏也可造成加工食品的二噁英的污染。

（2）呋喃

呋喃，别名为氧杂茂，1-氧杂-2,4-环戊二烯，英文名称 oxole，分子式

为 C_4H_4O，为无色液体，是最简单的含氧五元杂环化合物，有温和的香味。它存在于松木焦油中，为无色液体，沸点为 32℃，具有类似氯仿的气味，不溶于水，溶于丙酮、苯，易溶于乙醇、乙醚等多数有机溶剂，易挥发，易燃。它的蒸气遇到被盐酸浸湿过的松木片时，即呈现绿色，叫作松木反应，可用来鉴定呋喃的存在。它有麻醉和弱刺激作用，极度易燃。吸入后可引起头痛、头晕、恶心、呼吸衰竭。呋喃环具芳环性质，可发生卤化、硝化、磺化等亲电取代反应，主要用于有机合成或用作溶剂。

1.2.1.4　其他类

（1）多溴联苯

多溴联苯（polybrominated biphenyls，PBBs），包括四溴代、五溴代、六溴代、八溴代、十溴代等 209 种同系物，市场上一般以一组不同溴代原子数的联苯混合物作为商品出售，总称为多溴联苯。

电子电气产品中含有的有毒有害物质可分为卤化物、重金属及其他金属、锌硫化物、放射性物质四类，其中包括铅（Pb）、汞（Hg）、镉（Cd）、六价铬离子［Cr(Ⅵ)］、多氯联苯（PCBs）、多溴联苯（PBBs）和多溴联苯醚（PBDEs）等。多溴联苯和多溴联苯醚都属于溴化阻燃剂（brominated flame retandants，BFRs），溴化阻燃剂是普遍使用的工业化学制剂，被广泛用于印制电路板、塑料、涂层、电线电缆及树脂类电子元件中。多溴联苯也属于持久性有机污染物（POPs）的一种，它在环境中的残留周期长，难分解，不易挥发，易在生物以及人体脂肪中蓄积，对人体的主要危害为影响免疫系统、致癌、损害大脑及神经组织等，光化学降解是环境中多溴联苯的重要归趋之一。

由于多溴联苯具有持久性有机污染物的特征，全球研究人员对其越来越重视，对其来源、残留含量、存在形式、发展趋势，以及环境行为、对人类健康和环境的影响、排放量的减少和消除等问题的研究已成为当前环境科学的一大热点。2009 年 5 月，联合国环境规划署正式将六溴联苯增列入《斯德哥尔摩公约》，使得所列入禁止生产和使用的 POPs 数量增加到 21 种。

（2）多溴联苯醚

多溴联苯醚（poly brominated diphenyl ethers，PBDEs），有四溴、五溴、六溴、八溴、十溴联苯醚等 209 种同系物。其商品多溴联苯醚是一组溴原子数不同的联苯醚混合物，因此被总称为多溴联苯醚。

多溴联苯醚作为一种溴系阻燃剂的一大类阻燃物质，由于其优异的阻燃性能，已经越来越广泛地应用于各种消费产品当中。但是随着在环境样品中不断报道 PBDEs 的检出，该类化合物所造成的环境问题也越来越受到大家特别是环境科学家们的关注。国外对溴代阻燃剂在环境中的污染及对动物、人体影响的研究始于 20 世纪 70 年代末，从 20 世纪 90 年代初以后，欧洲各国、北美和日本都相继开展了 PBDEs 的各种研究工作。

多溴联苯醚是一类环境中广泛存在的全球性有机污染物。由于其具有环境持久性、远距离传输、生物可累积性及对生物和人体具有毒害效应等特性，对其环境问题的研究已成为当前环境科学的一大热点。2009 年 5 月，联合国环境规划署正式将四溴联苯醚和五溴联苯醚、六溴联苯醚和七溴联苯醚列入《斯德哥尔摩公约》。环保标准中限制电子产品中铅、水银、镉、六价铬离子、PBBs（多溴联苯）及 PBDEs（多溴联苯醚）的使用。

（3）多环芳烃

多环芳烃（polycyclic aromatic hydrocarbons，PAHs），是分子中含有两个以上苯环的烃类化合物，包括萘、蒽、菲、芘等 150 余种化合物。有些多环芳烃还含有氮、硫和环戊烷，常见的具有致癌作用的多环芳烃多为四到六环的稠环化合物。多环芳烃是煤、石油、木材、烟草、有机高分子化合物等有机物不完全燃烧时产生的挥发性烃类化合物，是重要的环境和食品污染物。PAHs 广泛分布于环境中，可以在我们生活的每一个角落发现，任何有有机物加工、废弃、燃烧或使用的地方都有可能产生多环芳烃。

国际癌症研究中心（IARC）（1976 年）列出的 94 种对实验动物致癌的化合物，其中 15 种属于多环芳烃，由于苯并［a］芘是第一个被发现的环境化学致癌物，而且致癌性很强，故常以苯并［a］芘作为多环芳烃的代表，它占全部致癌性多环芳烃的 1%～20%。

在自然界中这类化合物存在着生物降解、水解、光作用裂解等消除方式，使得环境中的 PAHs 含量始终有一个动态的平衡，从而保持在一个较低的浓度水平上。但是近些年来，随着人类生产活动的加剧，破坏了其在环境中的动态平衡，使环境中的 PAHs 大量增加。

多环芳烃的主要来源有自然源和人为源。自然源主要包括燃烧（森林大火和火山喷发）和生物合成（沉积物成岩过程、生物转化过程和焦油矿坑内气体），未开采的煤、石油中也含有大量的多环芳烃。人为源来自于工业工艺过程、缺氧燃烧、垃圾焚烧和填埋、食品制作及直接的交通排放和同时伴随的轮胎磨损、路面磨损产生的沥青颗粒以及道路扬尘中，其数量随着工业生产的发展大大增加，占环境中多环芳烃总量的绝大部分；溢油事件也成为 PAHs 人为源的一部分。因此，如何加快 PAHs 在环境中的消除速度，减少 PAHs 对环境的污染等问题，是当前的热点问题之一。

（4）六六六

可以写作 666，成分是六氯环己烷，是环己烷每个碳原子上的一个氢原子被氯原子取代形成的饱和化合物。英文简称 BHC，分子式 $C_6H_6Cl_6$。

分子结构为：

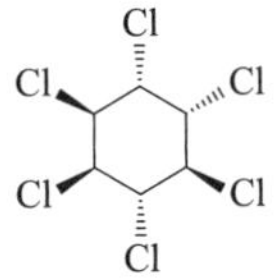

结构式因分子中含碳、氢、氯原子各 6 个，可以看作是苯的六个氯原子加成产物。白色晶体，有 8 种同分异构体。六六六对昆虫有触杀、熏杀和胃毒作用，其中 γ 异构体杀虫效力最高，α 异构体次之，δ 异构体又次之，β 异构体效率极低。六氯化苯对酸稳定，在碱性溶液中或锌、铁、锡等存在下易分解，长期受潮或日晒会失效。

六六六在工业上由苯与氯气在紫外线照射下合成。过去主要用于防治蝗虫、稻螟虫、小麦吸浆虫和蚊、蝇、臭虫等。由于对人、畜都有一定毒性，20 世纪 60 年代末停止生产或禁止使用。六六六急性毒性较小，各异构体毒性比较，以 γ-六六六最大。六六六进入机体后主要蓄积于中枢神经和脂肪组织中，刺激大脑运动及小脑，还能通过皮层影响植物神经系统及周围神经，在脏器中影响细胞氧化磷酸化作用，使脏器营养失调，发生变性坏死。能诱导肝细胞微粒体氧化酶，影响内分泌活动，抑制 ATP 酶。

（5）十氯酮

十氯酮，中文名称开蓬，别名为十氯代八氢-亚甲基-环丁异 $[c,d]$ 戊搭烯-2-酮，英文名称 kepone、chlordecone，分子式是 $C_{10}Cl_{10}O$，黄褐色或白色晶体，分子量 490.68，蒸气压 1.33 MPa（25℃），熔点 350℃（开始升华），微溶于水，溶于植物油、丙酮、乙醇、醋酸等有机溶剂，蒸气相对密度为 16.94。

十氯酮主要用于防治白蚁、地下害虫、土豆上的咀嚼口器害虫，还可防治苹果蠹蛾、红带卷叶虫，对番茄晚疫病、红斑病、白菜霜腐病等也有效果，对防治咀嚼口器害虫有效，对刺吸口器害虫为低效，是一种毒性较高的杀虫剂和杀真菌剂。

分子结构为：

十氯酮为一种毒性较高的杀虫剂和杀真菌剂，对胎儿中枢神经系统、泌尿生殖系统、内环境稳定有影响。急性毒性（LD_{50}）：95mg/kg（大鼠经口）、250mg/kg（狗经口）、65mg/kg（兔经口）。致癌性判定，动物为阳性反应，人为不肯定性反应。

（6）多氯化萘

多氯化萘（polychlorinated naphthalene，PCNs），是一类基于萘环上的氢原子被氯原子所取代的化合物的总称，共有 75 种同类物。通式 $C_{10}H_{8-n}Cl_n$（$n = 1 \sim 8$）。氯原子数为 1，2（$n = 1 \sim 2$）时，为氯萘、二氯化萘，是油状物质，不溶于水，可溶于有机溶剂，含氯约 22%，可作添加剂、润滑剂、木材注入剂。$n = 3 \sim 4$ 时，含氯 50%，可作电绝缘涂料。$n = 4 \sim 6$ 时，含氯 56% $\sim$ 62%，可作绝缘剂、不燃材料。$n = 8$ 时，含氯 70%，可作不燃性物质的填充剂。通常以各种不同含氯原子数及异构体的混合物形式存在。

PCNs 是一类持久性有机化合物，被广泛用作电容器、变压器介质、润滑油添加剂、电缆绝缘及防腐剂等。而氯碱工业、垃圾焚烧及金属冶炼等同样会产生 PCNs 污染。PCNs 在环境中普遍、持久存在，并在空气、土壤、水、沉积物、各种生物体及人体中检出，并可通过食物链的传递放大而最终对人类健康构成潜在危害。某些 PCNs 系列物具有与多氯联苯（PCBs）和二噁英（PCDD/Fs）相似的结构和毒性，能与芳香烃受体结合或激活某些特定的酶来改变细胞的生物化学性质，从而产生某些毒性效应。急性中毒症状为肝和皮肤障碍（氯痤疮）。氯原子愈多，引起的障碍愈强。美国指定为有毒污染物，并要求作为 21 种主要工业排放对它制定或确定限制和预处理标准的对象（在水排放与废弃物方面的分级和最高限值）。由于其对全球环境和人类健康的潜在危害，近年来有关环境中 PCNs 的污染来源、环境水平及其环境行为的相关研究已成为环境化学领域的研究热点。环境中 PCNs 的主要来源包括历史上作为工业化学品的生产、使用和泄漏，废弃物焚烧、金属冶炼等工业热过程中的产生和排放以及化工产品中的 PCNs 杂质等。环境介质中 PCNs 含量很低，一般在痕量级水平（pg/g 或 pg/L）。

（7）短链氯化石蜡

短链氯化石蜡（chloroalkanes，SCCP）是一种化学物质，按含氯量可分为 42％、48％、50％～52％、65％～70％四种。前三种为淡黄色黏稠液体，可代替部分主要增塑剂，不仅降低成本，而且使制品具有阻燃性，相容性也好；最后一种为黄色黏稠液体。短链氯化石蜡广泛使用在电缆中，也可用于制水管、地板、薄膜、人造革、塑料制品和日用品等。含氯 65％～70％的短链氯化石蜡主要用作阻燃剂，与三氧化二锑混合使用于聚乙烯、聚苯乙烯等中。

短链氯化石蜡被认为是对环境危险的物质，因为此类物质对水生物有很强的毒性，并对水生环境带来长期负面影响。在生物毒性方面，影响免疫系统和生殖系统。

欧盟指令 2002/45/EC（76/769/EEC 指令的第 20 次修订）要求：不得将含有 SCCP 或质量百分比超过 1％的配制品用于金属加工和皮革的脂肪浸渍处理。该指令已于 2004 年 1 月 6 日开始实施。在欧盟法规《化学品的注册、评估、授权和限制》（regulation concerning the registration，evaluation，authorization and restriction of chemicals，REACH）中，SCCP 也被定义为高度关注物质（substances of very high concern，SVHC）。产品当中如果含有此类物质并达到一定程度，企业需要向欧盟化学品管理局申请授权或通报，也可能被要求将相关信息传达给下游买家或普通消费者。

（8）阿特拉津

阿特拉津（atrazine），也称为莠去津、aatrex、primatola、克-30027。化学名称 2-氯-4-二乙氨基-6-异丙氨基-1,3,5-三嗪；外观为白色粉末，熔点为 173～175℃，20℃ 时的蒸气压为 40MPa；溶解度为：水 33mg/L、氯仿 28g/L、丙酮 31g/L、乙酸乙酯 24g/L、甲醇 15g/L；在微酸或微碱性介质中较稳定，但在较高温度下，碱或无机酸可使其水解。

分子结构为：

阿特拉津杀草谱较广，可防除多种一年生禾本科和阔叶杂草。适用于玉米、高粱、甘蔗、果树、苗圃、林地等旱田作物防除马唐、稗草、狗尾草、莎草、看麦娘、蓼、藜、十字花科、豆科杂草，尤其对玉米有较好的选择性，对某些多年生杂草也有一定抑制作用。

阿特拉津被广泛用于玉米作物，在 20 世纪 90 年代末已成为美国最常用的除草剂。美国环境保护署（U. S Environmental Protection Agency，EPA）确立了每升饮用水中含有 3mg 阿特拉津的终身健康建议量（lifetime health advisory level）。每天饮用的水中阿特拉津含量等于或低于这个水平是可以接受的，不会对人体健康产生影响。但毒理学表明：大鼠急性经口 LD_{50} 为 1780mg/kg，对兔急性经皮 LD_{50} 为 7000mg/kg，对大鼠慢性毒性经口无作用剂量为 1000mg/kg，即长期暴露仍存在风险。尽管暴露于阿特拉津能给人类和其他动物种类的健康风险，但 EPA 认为增加食物产量的利益超过可能存在的健康风险，因此未禁止它的应用。但在欧洲，阿特拉津已逐渐被淘汰。用木炭过滤器可以除去饮用水中的阿特拉津，但湖和池塘中的阿特拉津处理较困难。阿特拉津可引起雄蛙雌化，美国、欧盟和日本均已将其列入内分泌干扰化合物（endocrine disrupting chemicals）名单。

　　（9）全氟辛烷磺酰基化合物

　　全氟辛烷磺酰基化合物（perfluorooctane sulfonate，PFOS）由全氟化酸性硫酸基酸中完全氟化的阴离子组成并以阴离子形式存在于盐、衍生体和聚合体中。PFOS 已成为全氟化酸性硫酸基酸（perfluorooctanesulphonic acid）各种类型派生物及含有这些派生物的聚合体的代名词。当 PFOS 被外界所发现时，是以经过降解的 PFOS 形态存在的。那些可分解成 PFOS 的物质则被称作 PFOS 有关物质。当前 PFOS 已经在出口产品材料中被广泛限制。

　　全氟辛烷磺酸的持久性极强，是最难分解的有机污染物，在浓硫酸中煮一小时也不分解。据有关研究，在各种温度和酸碱度下，对全氟辛烷磺酸进行水解作用，均没有发现有明显的降解；PFOS 在增氧和无氧环境都具有很好的稳定性。采用各种微生物和条件进行的大量研究表明，PFOS 没有发生任何降解的迹象，唯一出现 PFOS 分解的情况，是在高温条件下进行焚烧。

　　PFOS 可以在有机生物体内聚积，具有很高的生物累积和生物放大的特性，特别是水生食物链生物对 PFOS 有较强的富积作用。鱼类对 PFOS 的浓缩倍数为 500～12000 倍。水中的 PFOS 通过水生生物的富积作用和食物链向包括人类在内的高位生物转移。在高等动物体内已发现了高浓度 PFOS 的存在，且生物体内的蓄积水平高于已知的有机氯农药和二噁英等持久性有机污染物的数百倍至数千倍，成为继多氯联苯、有机氯农药和二噁英之后，一种新的持久性环境污染物。各种哺乳动物、鸟类和鱼类的生物放大系数在两个营养层次之间从 22～160 不等。在北极熊肝脏里测量到的全氟辛烷磺酸的浓度超过了所有其他已知的各种有机卤素的浓度。

与许多持久性有机污染物的通常情况相反，全氟辛烷磺酸在脂肪组织中不会累积起来。这是因为全氟辛烷磺酸既具有疏水性，又具有疏脂性。PFOS及其衍生物通过呼吸道吸入和饮用水、食物的摄入等途径进入生物体内，而很难被生物体排出，尤其最终富集于人体、生物体中的血、肝、肾、脑中。

PFOS具有肝脏毒性，影响脂肪代谢；使实验动物精子数减少、畸形精子数增加；引起机体多个脏器器官内的过氧化产物增加，造成氧化损伤，直接或间接地损害遗传物质，引发肿瘤；PFOS破坏中枢神经系统内兴奋性和抑制性氨基酸水平的平衡，使动物更容易兴奋和激怒；延迟幼龄动物的生长发育，影响记忆和条件反射弧的建立；降低血清中甲状腺激素水平。PFOS具有遗传毒性、雄性生殖毒性、神经毒性、发育毒性和内分泌干扰作用等多种毒性，被认为是一类具有全身多脏器毒性的环境污染物。

1.2.2 POPs 来源

① 来源于印染和助剂工业向环境释放的一些化学物质的污染，如液压油、润滑剂和增塑剂及农用塑料制品等的使用。

② 化学农药和化肥的污染，如广泛使用的各类杀虫剂、杀菌剂、除草剂、化肥制剂等。

③ 农业生产中大量使用的激素，如植物生长调节剂、饲料添加剂等都可产生污染。

④ 燃烧与热解，包括城市垃圾、医院废弃物、木材及废家具的焚烧，汽车尾气，有色金属生产、铸造和炼焦、发电、水泥、石灰、砖、陶瓷、玻璃等工业及释放PCBs的事故。

1.3 POPs 对生物的毒性影响

尽管大多数的POPs已被停止生产和使用，但是世界上已很难找到没有POPs存在的净土了，相应地几乎人人体内或多或少种类、或高或低含量的POPs。

1.3.1 对免疫系统的毒性效应

POPs对免疫系统的影响包括抑制免疫系统正常反应的发生，影响巨噬细胞的活性，降低生物体对病毒的抵抗能力。例如 Weisg las-Kuperus 等研究发现，人免疫系统的失常与婴儿出生前和出生后暴露于PCBs和PCDDs的程度有关。由于POPs易于迁移到高纬地区，POPs对于生活在极地地区的人和生物影响较大。生活在极地地区的因纽特人由于日常食用鱼、鲸、海豹等海洋生物的肉，而这些肉中的 POPs 通过生物放大和生物积累已达到很高的浓度，所以因纽特人的脂肪组织中含有大量的有机氯农药、PCBs 和 PCDDs。

1.3.2　对内分泌系统的影响

POPs 中有几类物质是潜在的内分泌干扰物质，如果一种 POP 能与雌激素受体有较强的结合能力，并影响受体的活动，进而改变基因组成，那么这种 POP 被认为是内分泌干扰物质。人和其他生物的许多健康问题都与各种人为或自然产生的内分泌干扰物质有关。例如 PCB 的混合物 Aroclor1221、Aroclor1232、Aroclor1242 和 Aroclor1248 在体内试验中表现出一定的雌激素活性。此外，男性精子数量的减少、生殖系统的功能紊乱和畸形、睾丸癌及女性乳腺癌的发病率都与长期暴露于低水平的类激素物质有关。Falck 等发现患恶性乳腺癌的女性要比患良性乳腺肿瘤的女性的乳腺组织中 PCBs 和 DDE 水平高。

1.3.3　对生殖和发育的影响

生物体暴露于 POPs 会产生生殖障碍、畸形、器官增大、机体死亡等现象。如鸟类暴露于 POPs，会引起产卵率降低，进而使鸟的种群数目不断减少。实验研究发现，生活在荷兰西部 Wadden 海地区的海豹生殖能力下降主要是由于这些海豹猎食的鱼受到了 PCB 的污染，进而影响了它们生殖系统的功能。POPs 同样会影响人的生长发育，尤其会影响到孩子的智力发育。对 200 个孩子进行研究，其中有 3/4 孩子的母亲在怀孕期间食用了受到有机氯污染的鱼，结果发现这些孩子出生时体重轻、脑袋小，在 7 个月时认知能力较一般孩子差，4 岁时读写和记忆能力较差，在 11 岁时测得他们 IQ 值较低，读、写、算和理解能力都较差。

1.3.4　致癌作用

实验表明几种 POPs 会产生毒性，促进肿瘤的生长。对在沉积物中 PCBs 含量高地区的大头鱼进行研究，发现大头鱼皮肤损害，肿瘤和多发性乳头瘤等病的发病率明显升高。国际癌症研究机构在大量的动物实验及调查基础上，在 1997 年将 2,3,7,8-TCDD 定为人类 I 级致癌物，PCBs、PCDFs 定为 III 级致癌物。

1.3.5　其他毒性

POPs 还会引起一些其他器官组织的病变。如 TCDD 暴露可引起慢性阻塞性肺病的发病率升高；也可以引起肝脏纤维化以及肝功能的改变，出现黄疸、精氨酸酶升高、高血脂；还可引起消化功能障碍。此外POPs对皮肤还表现一定的毒性，如表皮角化、色素沉着、多汗症和弹性组织病变等。POPs中的一些物质还可能引起精神心理疾患症状，如焦虑、疲劳、易怒、忧郁等。

1.4　POPs全球迁移机制

目前POPs全球迁移机制主要有两种理论："全球蒸馏"和"蚱蜢跳效应"。

近年来，在从未使用过POPs的南北极地区的冰雪内检测到DDT等有机氯农药类POPs，美国阿拉斯加的阿留申群岛上栖息的秃鹰体内也有测出。阿留申群岛附近的西北太平洋海域生活的鲸鱼体内也有很高的有机氯农药类POPs。地球北部的许多高山，如奥地利的阿尔卑斯山、西班牙的比利牛斯山、加拿大的落基山顶及我国喜马拉雅山顶，最近也发现较高浓度的有机氯农药。而且还发现，随山高增加和温度降低，冰雪所含的农药浓度也在增加，虽然在高山上几乎是没有人烟的冰雪世界。山顶冰雪所含农药的浓度为山下农业区域的10~100倍。这些极地和高山雪域的POPs是哪里来的？

科学家E. D. Goldberg在1975年最早提出了"全球蒸馏效应"（global distillation）的科学假设，成功解释DDT通过大气传播从陆地迁移到海洋的现象。正如化学实验室中的试剂蒸馏实验，用火加热烧瓶中的试剂，试剂蒸发、上升，在冷凝管中被冷凝，然后落下，被接受瓶容纳。地球也像是一个大烧瓶。赤道地区灼热的阳光就像是烧瓶下面的火，在热带地区曾大量使用的DDT残留在土壤中，和土壤一起就像是烧瓶里面的试剂；DDT被蒸发，上升到高空，长距离迁移，然后冷凝，再以降水方式降下。雪花飘飘，清除了大气中的有机氯农药，使其降落于寒冷地区；而寒冷又使地面上的有机氯农药不致挥发，所以寒冷地区地面的有机氯农药浓度不断增加。从全球来看，由于温度的差异，地球就像一个蒸馏装置，在低、中纬度地区，由于温度相对高，POPs挥发进入到大气；在寒冷地区，POPs沉降下来。因此，全球蒸馏效应也被称为"冷凝效应（cold condensation effect）"，最后造成POPs从热带地区迁移到寒冷地区，这就是从未使用过POPs的南北极和高寒地区发现有POPs的原因。高寒地区的高级动物，像海豹、北极熊，为了抗寒，体内脂肪甚多。脂肪恰恰是POPs的最好的栖居地，POPs被脂肪吸收，在脂肪中积累，富集到一定浓度水平，就将影响它们的健康。

根据 E. D. Goldberg 最早提出的"全球蒸馏效应",加拿大科学家 F. Wania 和 D. Mackay 成功地解释了 POPs 从热温带地区向寒冷地区迁移的现象。从全球来看,由于温度的差异,地球就像一个蒸馏装置,在低、中纬度地区,由于温度相对高,POPs 挥发进入到大气;在寒冷地区,POPs 沉降下来,最终导致 POPs 从热带地区迁移到寒冷地区,也就是从未使用过 POPs 的南北极和高寒地区发现 POPs 存在的原因。因为在中纬度地区,在温度较高的夏季 POPs 易于挥发和迁移,而在温度较低的冬季 POPs 则易于沉降下来,所以 POPs 在向高纬度迁移的过程中会有一系列距离相对较短的跳跃过程,这种特性又被称为"蚱蜢跳效应(grasshopper effect)"。

　　根据这一科学假设,极地将成为"全球 POPs 的汇总",而科学家们已经发现越来越多的证据支持。例如,多氯联苯(PCBs)、毒杀芬、氯丹和滴滴涕(DDT)等 POPs 在极地的污染水平要比地球上其他地区要高。例如,D. C. G. Muir 等在研究有机氯农药在北极湖泊沉积质中的空间和时间变化趋势时发现,越易挥发的有机氯农药越易在极地地区积累。

第2章
POPs的检测

2.1 样品的采集与制备

2.1.1 环境空气样品的采集

2.1.1.1 布点和采样

（1）布点原则

采样点位的数量根据室内面积大小和现场情况而确定，要能正确反映室内空气污染物的污染程度。原则上小于 $50m^2$ 的房间应设 1～3 个点；50～100m² 设 3～5 个点；100m² 以上至少设 5 个点。

（2）布点方式

多点采样时应按对角线或梅花式均匀布点，应避开通风口，离墙壁距离应大于 0.5m，离门窗距离应大于 1m。

（3）采样点的高度

原则上与人的呼吸带高度一致，一般相对高度 0.5～1.5m 之间。也可根据房间的使用功能，人群的高低以及在房间立、坐或卧时间的长短，来选择采样高度。有特殊要求的可根据具体情况而定。

（4）采样时间及频次

经装修的室内环境，采样应在装修完成 7d 以后进行。一般建议在使用前采样监测。年平均浓度至少连续或间隔采样 3 个月；日平均浓度至少连续或间隔采样 18h；8h 平均浓度至少连续或间隔采样 6h；1h 平均浓度至少连续或间隔采样 45min。

（5）封闭时间

检测应在对外门窗关闭 12h 后进行。对于采用集中空调的室内环境，空调应正常运转。有特殊要求的可根据现场情况及要求而定。

（6）采样方法

具体采样方法应按各污染物检验方法中规定的方法和操作步骤进行。要求年平均、日平均、8h 平均值的参数，可以先做筛选采样检验。若检验结果符合标准值要求，为达标；若筛选采样检验结果不符合标准值要求，必须按年平均、日平均、8h 平均值的要求，用累积采样检验结果评价。

① 筛选法采样　在满足上述情况的条件下，采样时关闭门窗，一般至少采样 45min；采用瞬时采样法时，一般采样间隔时间为 10～15min，每个点位应至少采集 3 次样品，每次的采样量大致相同，其监测结果的平均值作为该点位的小时均值。

② 累积法采样　采样达不到标准要求时，必须采用累积法（按年平均值、日平均值、8h 平均值）的要求采样。

（7）采样的质量保证

① 采样仪器　采样仪器应符合国家有关标准和技术要求，并通过计量检定。使用前，应按仪器说明书对仪器进行检验和标定。采样时采样仪器（包括采样管）不能被阳光直接照射。

② 采样人员　采样人员必须通过岗前培训，切实掌握采样技术，持证上岗。

③ 气密性检查　动力采样器在采样前应对采样系统气密性进行检查，不得漏气。

④ 流量校准　采样前和采样后要用经检定合格的一级的流量计（如一级皂膜流量计）在采样负载条件下校准采样系统的采样流量，取两次校准的平均值作为采样流量的实际值。校准时的大气压与温度应和采样时相近。两次校准的误差不得超过 5%。

⑤ 现场空白检验　在进行现场采样时，一批样品应至少留有两个采样管不采样，并同其他样品管一样对待，作为采样过程中的现场空白，采样结束后和其他采样吸收管一并送交实验室。样品分析时测定现场空白值，并与校准曲线的零浓度值进行比较。若空白检验超过控制范围，则这批样品作废。

⑥ 平行样检验　每批采样中平行样数量不得低于 10%。每次平行采样，测定值之差与平均值比较的相对偏差不得超过 20%。

（8）采样记录

采样时要使用墨水笔或档案用圆珠笔对现场情况、采样日期、时间、地点、数量、布点方式、大气压力、气温、相对湿度、风速以及采样人员等做出详细现场记录；每个样品上也要贴上标签，标明点位编号、采样日期和时间、测定项目等，字迹应端正、清晰。采样记录随样品一同报到实验室。

（9）采样装置

① 玻璃注射器　使用 100mL 注射器直接采集室内空气样品，注射器要选择气密性好的。选择方法如下：将注射器吸入 100mL 空气，内芯与外筒间滑动自如，用细橡胶管或眼药瓶的小胶帽封好进气口，垂直放置 24h，剩余空气应不少于 60mL。用注射器采样时，注射器内应保持干燥，以减少样品储存过程中的损失。采样时，用现场空气抽洗 3 次后，再抽取一定体积现场空气样品。样品运送和保存时要垂直放置，且应在 12h 内进行分析。

② 空气采样袋　用空气采样袋也可直接采集现场空气。它适用于采集化学性质稳定、不与采样袋起化学反应的气态污染物，如一氧化碳。采样时，袋内应该保持干燥，且现场空气充、放 3 次后再正式采样。取样后将进气口密封，袋内空气样品的压力以略呈正压为宜。用带金属衬里的采样袋可以延长样品的保存时间，如聚氯乙烯袋对一氧化碳可保存 10～15h，而铝膜衬里的聚酯袋可保存 100h。

③ 气泡吸收管　适用于采集气态污染物。采样时，吸收管要垂直放置，不能有泡沫溢出。使用前应检查吸收管玻璃磨口的气密性，保证严密不漏气。

④ U 形多孔玻板吸收管　适用于采集气态或气态与气溶胶共存的污染物。使用前应检查玻璃砂芯的质量，方法如下：将吸收管装 5mL 水，以 0.5L/min 的流量抽气，气泡路径（泡沫高度）为 50mm±5mm，阻力为 4.666kPa±0.666kPa，气泡均匀，无特大气泡。采样时，吸收管要垂直放置，不能有泡沫溢出。一般要用蒸馏水而不用自来水冲洗。

⑤ 固体吸附管　内径 35～40mm、长 80～180mm 的玻璃吸附管，或内径 5mm、长 90mm（或 180mm）内壁抛光的不锈钢管，吸附管的采样入口一端有标记。内装 20～60 目的硅胶或活性炭、GDX 担体等固体吸附剂颗粒，管的两端用不锈钢网或玻璃纤维堵住。固体吸附剂用量视污染物种类而定。吸附剂的粒度应均匀，在装管前应进行烘干等预处理，以去除其所带的污染物。采样后将两端密封，带回实验室进行分析。样品解吸可以采用溶剂洗脱，使成为液态样品。也可以采用加热解吸，用惰性气体吹出气态样品进行分析。采样前必须经实验确定最大采样体积和样品的处理条件。

⑥ 滤膜　滤膜适用于采集挥发性低的气溶胶，如可吸入颗粒物等。常用的滤料有玻璃纤维滤膜、聚氯乙烯纤维滤膜、微孔滤膜等。玻璃纤维滤膜吸湿性小、耐高温、阻力小。但是其机械强度差。适用于可吸入颗粒物的重量法分析，以及不受滤膜组分及所含杂质影响的元素分析及有机污染物分析。聚氯乙烯纤维滤膜吸湿性小、阻力小、有静电现象、采样效率高、不亲水、能溶于乙酸丁酯，适用于重量法分析，消解后可做元素分析。

微孔滤膜是由醋酸纤维素或醋酸硝酸混合纤维素制成的多孔性有机薄膜，用于空气采样的孔径有 $0.3\mu m$、$0.45\mu m$、$0.8\mu m$ 等几种。微孔滤膜阻力大，且随孔径减小而显著增加，吸湿性强、有静电现象、机械强度好，可溶于丙酮等有机溶剂。不适于做重量法分析，消解后适于做元素分析；经丙酮蒸气使之透明后，可直接在显微镜下观察颗粒形态。滤膜使用前应该在灯光下检查有无针孔、褶皱等可能影响过滤效率的因素。

⑦ 不锈钢采样罐　不锈钢采样罐的内壁经过抛光或硅烷化处理。可根据采样要求，选用不同容积的采样罐。使用前采样罐被抽成真空，采样时将采样罐放置现场，采用不同的限流阀可对室内空气进行瞬时采样或编程采样，送回实验室分析。该方法可用于室内空气中总挥发性有机物的采样。

（10）采样安全措施

在室内空气质量明显超标时，应采用适当的防护措施，并应备有预防中暑、治疗擦伤的药物。

2.1.1.2　样品的运输与保存

样品由专人运送，按采样记录清点样品，防止错漏。为防止运输中采样管震动破损，装箱时可用泡沫塑料等分隔。样品因物理、化学等因素的影响，使组分和含量可能发生变化，应根据不同项目要求，进行有效处理和防护。储存和运输过程中要避开高温、强光。样品运抵后要与接收人员交接并登记。各样品要标注保质期，样品要在保质期前检测。样品要注明保存期限，超过保存期限的样品，要按照相关规定及时处理。

2.1.1.3　采样点周围环境要求

① 采样点周围 50m 范围内不应有污染源。

② 点式监测仪器采样口周围，监测光束附近或开放光程监测仪器发射光源到监测光束接收端之间不能有阻碍环境空气流通的高大建筑物、树木或其他障碍物。从采样口或监测光束到附近最高障碍物之间的水平距离，应为该障碍物与采样口或监测光束高度差的两倍以上。

③ 采样口周围水平面应保证 270°以上的捕集空间，如果采样口一边靠近

建筑物，采样口周围水平面应有180°以上的自由空间。

④ 采样点周围环境状况相对稳定，安全和防火措施有保障。

⑤ 采样点附近无强大的电磁干扰，周围有稳定可靠的电力供应，通信线路容易安装和检修。

⑥ 采样点周围应有合适的车辆通道。

2.1.1.4 采样口位置要求

① 对于手工间断采样，其采样口离地面的高度应在1.5～15m。

② 对于自动监测，其采样口或监测光束离地面的高度应在3～15m。

③ 针对道路交通的污染监控点，其采样口离地面的高度应在2～5m。

④ 在保证采样点具有空间代表性的前提下，若所选点位周围半径300～500m建筑物平均高度在20m以上，无法按满足上述高度要求设置时，其采样口高度可以在15～25m选取。

⑤ 在建筑物上安装监测仪器时，监测仪器的采样口离建筑物墙壁、屋顶等支撑物表面的距离应大于1m。

⑥ 使用开放光程监测仪器进行空气质量监测时，在监测光束能完全通过的情况下，允许监测光束从日平均机动车流量少于10000辆的道路上空、对监测结果影响不大的小污染源和少量未达到间隔距离要求的树木或建筑物上空穿过，穿过的合计距离不能超过监测光束总光程长度的10%。

⑦ 当某采样点需设置多个采样口时，为防止其他采样口干扰颗粒物样品的采集，颗粒物采样口与其他采样口之间的直线距离应大于1m。若使用大流量总悬浮颗粒物（TSP）采样装置进行并行采样，其他采样口与颗粒物采样口的直线距离应大于2m。

⑧ 对于空气质量评价点，应避免车辆尾气或其他污染源直接对采样结果产生干扰，点式仪器采样口与交通道路之间最小间隔距离应按表2.1的要求确定。

表 2.1　点式仪器采样口与交通道路之间最小间隔距离

道路日平均机动车流量（日平均车辆数）	采样口与交通道路边缘之间最小距离/m	
	PM_{10}	SO_2、NO_2、CO 和 O_3
≤3000	25	10
3000～6000	30	20
6000～15000	45	30
15000～40000	80	60
>40000	150	100

⑨ 污染监控点的具体设置原则根据监测目的由地方环境保护行政主管部门确定。针对道路交通的污染监控点，采样口距道路边缘距离不得超过 20m。

⑩ 开放光程监测仪器的监测光程长度的测绘误差应在 ±3m 内（当监测光程长度小于 200m 时，光程长度的测绘误差应小于实际光程的 ±1.5%）。

⑪ 开放光程监测仪器发射端到接收端之间的监测光束仰角不应超过 15°。

2.1.2 水样的采集

2.1.2.1 水样类型

（1）概述

为了说明水质，要在规定的时间、地点或特定的时间间隔内测定水的某些参数，如无机物、溶解矿物质或化学药品、溶解气体、溶解有机物、悬浮物及底部沉积物的浓度。某些参数，应尽量在现场测定以得到准确的结果。由于生物和化学样品的采集、处理步骤和设备均不相同，样品应分别采集。

采样技术要随具体情况而定，有些情况只需在某点瞬时采集样品，而有些情况要用复杂的采样设备进行采样。静态水体和流动水体的采样方法不同，应加以区别。瞬时采样和混合采样均适用于静态水体和流动水体，混合采样更适用于静态水体；周期采样和连续采样适用于流动水体。

（2）瞬时水样

从水体中不连续地随机采集的样品称为瞬时水样。对于组分较稳定的水体，或水体的组分在相当长的时间和相当大的空间范围变化不大，采集瞬时样品具有很好的代表性。当水体的组成随时间发生变化，则要在适当的时间间隔内进行瞬时采样，分别进行分析，测出水质的变化程度、频率和周期。当水体的组成发生空间变化时，就要在各个相应的部位采样。瞬时水样无论是在水面、规定深度或底层，通常均可人工采集，也可用自动化方法采集。在一般情况下，所采集的样品只代表采样当时和采样点的水质，而自动采样是相当于在预定时间或流量间隔为基础的一系列瞬时样品。

下列情况适用瞬时采样：

① 流量不固定、所测参数不恒定时（如采用混合样，会因个别样品之间的相互反应而掩盖了它们之间的差别）；

② 不连续流动的水流，如分批排放的水；

③ 水或废水特性相对稳定时；

④ 需要考察可能存在的污染物，或要确定污染物出现的时间；

⑤ 需要污染物最高值、最低值或变化的数据时；

⑥ 需要根据较短一段时间内的数据确定水质的变化规律时；

⑦ 需要测定参数的空间变化时，例如某一参数在水流或开阔水域的不同断面（或）深度的变化情况；

⑧ 在制订较大范围的采样方案前；

⑨ 测定某些不稳定的参数，例如溶解气体、余氯、可溶性硫化物、微生物、油脂、有机物和 pH 时。

（3）周期水样（不连续）

① 在固定时间间隔下采集周期样品（取决于时间）　通过定时装置在规定的时间间隔下自动开始和停止采集样品。通常在固定的期间内抽取样品，将一定体积的样品注入一个或多个容器中。时间间隔的大小取决于待测参数。人工采集样品时，按上述要求采集周期样品。

② 在固定排放量间隔下采集周期样品（取决于体积）　当水质参数发生变化时，采样方式不受排放流速的影响，此种样品归于流量比例样品。例如，液体流量的单位体积（如 10000L），所取样品量是固定的，与时间无关。

③ 在固定排放量间隔下采集周期样品（取决于流量）　当水质参数发生变化时，采样方式不受排放流速的影响，水样可用此方法采集。在固定时间间隔下，抽取不同体积的水样，所采集的体积取决于流量。

（4）连续水样

① 在固定流速下采集连续样品（取决于时间或时间平均值）　在固定流速下采集的连续样品，可测得采样期间存在的全部组分，但不能提供采样期间各参数浓度的变化。

② 在可变流速下采集的连续样品（取决于流量或与流量成比例）　采集流量比例样品代表水的整体质量。即便流量和组分都在变化，而流量比例样品同样可以揭示利用瞬时样品所观察不到的这些变化。因此，对于流速和待测污染物浓度都有明显变化的流动水，采集流量比例样品是一种精确的采样方法。

（5）混合水样

在同一采样点上以流量、时间、体积或是以水量为基础，按照已知比例（间歇的或连续的）混合在一起的样品，此样品称为混合水样。混合水样可自动或人工采集。

混合水样是混合几个单独样品，可减少监测分析工作量，节约时间，降低试剂损耗。

混合样品提供组分的平均值，因此在样品混合之前，应验证这些样品参数的数据，以确保混合后样品数据的准确性。如果测试成分在水样储存过程中易发生明显变化，则不适用混合水样，如测定挥发酚、油类、硫化物等。要测定这些物质，需采取单样储存方式。

下列情况适用混合水样：需测定平均浓度时；计算单位时间的质量负荷；为评价特殊的、变化的或不规则的排放和生产运转的影响。

（6）综合水样

把从不同采样点同时采集的瞬时水样混合为一个样品（时间应尽可能接近，以便得到所需要的资料），称作综合水样。综合水样的采集包括两种情况：在特定位置采集一系列不同深度的水样（纵断面样品）；在特定深度采集一系列不同位置的水样（横截面样品）。综合水样是获得平均浓度的重要方式，有时需要把代表断面上的各点或几个污水排放口的污水按相对比例流量混合，取其平均浓度。

采集综合水样，应视水体的具体情况和采样目的而定。如几条排污河渠建设综合污水处理厂，从各个河道取单样分析不如综合样更为科学合理，因为各股污水的相互反应可能对设施的处理性能及其成分产生显著的影响，由于不可能对相互作用进行数学预测，因此取综合水样可能提供更加可靠的资料。而有些情况取单样比较合理，如湖泊和水库在深度和水平方向常出现组分上的变化，此时大多数平均值或总值的变化不显著，局部变化明显。在这种情况下，综合水样就失去了意义。

（7）大体积水样

有些分析方法要求采集大体积水样，范围从 50L 到几立方米。例如，要分析水体中未知的农药和微生物时，就需要采集大体积的水样。水样可用通常的方法采集到容器或样品罐中，采样时应确保采样器皿的清洁；可依据监测要求选定。

（8）平均污水样

对于排放污水的企业而言，生产的周期性影响着排污的规律性。为了得到代表性的污水样（往往需要得到平均浓度），应根据排污情况进行周期性采样。不同的工厂、车间生产周期不同，排污的周期性差别也很大。一般应在一个或几个生产或排放周期内，按一定的时间间隔分别采样。对于性质稳定的污染物，可将分别采集的样品进行混合后一次测定；对于不稳定的污染物可在分别采样、分别测定后取其平均值为代表。

2.1.2.2　采样类型

（1）开阔河流的采样

在对开阔河流进行采样时，应包括下列几个基本点：

① 用水地点的采样；

② 污水流入河流后，应在充分混合的地点以及流入前的地点采样；

③ 支流合流后，对充分混合的地点及混合前的主流与支流地点的采样；

④ 主流分流后地点的选择；

⑤ 根据其他需要设定的采样地点。

各采样点原则上应在河流横向及垂向的不同位置采集样品。采样时间一般选择在采样前至少连续两天晴天，水质较稳定的时间（特殊需要除外）。采样时间是在考虑人类活动、工厂企业的工作时间及污染物到达时间的基础上确定的。另外，在潮汐区，应考虑潮汐的情况，确定把水质最坏的时刻包括在采样时间内。

（2）封闭管道的采样

在封闭管道中采样，也会遇到与开阔河流采样中所出现的类似问题。采样器探头或采样管应妥善地放在进水的下游，采样管不能靠近管壁。湍流部位，例如在"T"形管、弯头、阀门的后部，可充分混合，一般作为最佳采样点，但是对于等动力采样（等速采样）除外。采集自来水或抽水设备中的水样时，应先放水数分钟，使积留在水管中的杂质及陈旧水排出，然后再取样。采集水样前，应先用水样洗涤采样器容器、盛样瓶及塞子2～3次（油类除外）。

（3）水库和湖泊的采样

水库和湖泊的采样，由于采样地点不同和温度的分层现象可引起水质很大的差异。在调查水质状况时，应考虑到成层期与循环期的水质明显不同。了解循环期水质，可采集表层水样，了解成层期水质，应按深度分层采样。

在调查水域污染状况时，需进行综合分析判断，抓住基本点，以取得代表性水样。如废水流入前、流入后充分混合的地点、用水地点、流出地点等，有些可参照开阔河流的采样情况，但不能等同而论。

采样过程应注意：

① 采样时不可搅动水底部的沉积物。

② 采样时应保证采样点的位置准确，必要时使用GPS定位。

③ 认真填写采样记录表，字迹应端正、清晰。

④ 保证采样按时、准确、安全。

⑤ 采样结束前应核对采样方案、记录和水样，如有错误和遗漏，应立即补采或重新采样。

⑥ 如采样现场水体很不均匀，无法采到有代表性的样品，则应详细记录

不均匀的情况和实际采样情况，供使用数据者参考。

⑦ 测定油类的水样，应在水面至水面下 300mm 采集柱状水样，并单独采样，全部用于测定。采样瓶不能用采集的水样冲洗。

⑧ 测溶解氧、生化需氧量和有机污染物等项目时的水样，必须注满容器，不留空间，并用水封口。

⑨ 如果水样中含沉降性固体，如泥沙等，应分离除去。分离方法为：将所采水样摇匀后倒入筒型玻璃容器，静置 30min，将已不含沉降性固体但含有悬浮性固体的水样移入采样容器并加入保存剂。测定总悬浮物和油类的水样除外。

（4）底部沉积物采样

沉积物可用抓斗、采泥器或钻探装置采集。

典型的沉积过程一般会出现分层或者组分的很大差别。此外，河床高低不平以及河流的局部运动都会引起各沉积层厚度的很大变化。采泥地点除在主要污染源附近、河口部位外，应选择由于地形及潮汐原因造成堆积以及底泥恶化的地点。另外也可选择在沉积层较薄的地点。在底泥堆积分布状况未知的情况下，采泥地点要均衡设置。在河口部分，由于沉积物堆积分布容易变化，应适当增设采样点。采泥方法，原则上在同一地方稍微变更位置进行采集。

混合样品可用采泥器或者抓斗采集。需要了解分层作用时，可采用钻探装置。

在采集沉积物时，不管是岩芯还是规定深度沉积物的代表性混合样品，必须知道样品的性质，以便正确地解释分析或检验结果。此外如对底部沉积物的变化程度及性质难以预测或根本不可能知道时，应适当增设采样点。采集单独样品，不仅能得到沉积物变化情况，还可以绘制组分分布图，因此单独样品比混合样品的数据更有用。

提供的样品容器也适用于沉积物样品的存放，一般均使用广口容器。由于这种样品水分含量较大，要特别注意容器的密封性。

（5）地下水的采样

地下水可分为上层滞水、潜水和承压水。上层滞水的水质与地表水的水质基本相同。潜水含水层通过包气带直接与大气圈、水圈相通，因此其具有季节性变化的特点。承压水地质条件不同于潜水，其受水文、气象因素直接影响小，含水层的厚度不受季节变化的支配，水质不易受人为活动污染。采集样品时，一般应考虑的因素包括以下几种：

① 地下水流动缓慢，水质参数的变化率小；

② 地表以下温度变化小，因而当样品取出地表时，其温度发生显著变化，这种变化能改变化学反应速率，倒转土壤中阴阳离子的交换方向，改变微生物生长速度；

③ 由于吸收二氧化碳和随着碱性的变化，导致 pH 值改变，某些化合物也会发生氧化作用；

④ 某些溶解于水的气体如硫化氢，当将样品取出地表时，极易挥发；

⑤ 有机样品可能会受到某些因素的影响，如采样器材料的吸收、污染和挥发性物质的逸失；

⑥ 土壤和地下水可能受到严重的污染，以致影响到采样工作人员的健康和安全。

（6）降水的采样

准确地采集降水样品难度很大，在降水前，必须盖好采样器，只在降水实际出现之后才打开。每次降水取全过程水样（降水开始到结束）。采集样品时，应避开污染源，采样器四周应无遮挡雨、雪的高大树木或建筑物，以便取得准确的结果。

（7）污水的采样

① 采样频次　a. 监督性监测：地方环境监测站对污染源的监督性监测每年不少于 1 次，如被国家或地方环境保护行政主管部门列为年度监测的重点排污单位，应增加到每年 2～4 次。因管理或执法的需要所进行的抽查性监测由各级环境保护行政主管部门确定。b. 企业自控监测：工业污水按生产周期和生产特点确定监测频次。一般每个生产周期不得少于 3 次。c. 对于污染治理、环境科研、污染源调查和评价等工作中的污水监测，其采样频次可以根据工作方案的要求另行确定。d. 根据管理需要进行调查性监测，监测站事先应对污染源单位正常生产条件下的一个生产周期进行加密监测。周期在 8h 以内的，1h 采 1 次样；周期大于 8h，每 2h 采 1 次样，但每个生产周期采样次数不少于 3 次。采样的同时测定流量。根据加密监测结果，绘制污水污染物排放曲线（浓度-时间，流量-时间，总量-时间），并与所掌握资料对照，如基本一致，即可据此确定企业自行监测的采样频次。e. 排污单位如有污水处理设施并能正常运行使污水能稳定排放，则污染物排放曲线比较平稳，监督检测可以采瞬时样；对于排放曲线有明显变化的不稳定排放污水，要根据曲线情况分时间单元采样，再组成混合样品。正常情况下，混合样品的采样单元不得少于两次。如排放污水的流量、浓度甚至组分都有明显变化，则在

各单元采样时的采样量应与当时的污水流量成比例，以使混合样品更具代表性。

② 采样方法 a. 污水的监测项目根据行业类型有不同要求。b. 自动采样用自动采样器进行，有时间等比例采样和流量等比例采样。当污水排放量较稳定时，可采用时间等比例采样，否则必须采用流量等比例采样。c. 采样的位置应在采样断面的中心，在水深大于 1m 时，应在表层下 1/4 深度处采样，水深小于或等于 1m 时，在水深的 1/2 处采样。

2.1.2.3 采样设备

（1）概述

所采集样品的体积应满足分析和重复分析的需要。采集的体积过小会使样品没有代表性。另外，小体积的样品也会因比表面积大而使其吸附严重。

符合要求的采样设备应具备以下条件：

① 使样品和容器的接触时间降至最低；

② 使用不会污染样品的材料；

③ 容易清洗，表面光滑，没有弯曲物干扰流速，尽可能减少旋塞和阀的数量；

④ 有适合采样要求的系统设计。

（2）瞬时非自动采样设备

① 概述 瞬时采样采集表层样品时，一般用吊桶或广口瓶沉入水中，待注满水后，再提出水面。对于分层水选定深度的定点采样建议按上述方法。如果只需要了解水体某一垂直断面的平均水质，可按综合深度法采样。

② 综合深度采样设备 综合深度法采样需要一套用以夹住瓶子并使之沉入水中的机械装置。配有重物的采样瓶以均匀的速度沉入水中，同时通过注入孔使整个垂直断面的各层水样进入采样瓶。为了在所有深度均能采得等分的水样，采样瓶沉降或提升的速度应随深度的不同作出相应的变化，或者采样瓶具备可调节的注孔，用以保持在水压变化的情况下，注水流量恒定。无上述采样设备时，可采用排空式采样器，分别采集每层深度的样品，然后混合。

③ 选定深度定点采样设备 将配有重物的采样瓶瓶口塞住，沉入水中，当采样瓶沉到选定深度时，打开瓶塞，瓶内充满水样后又塞上。对于特殊要求的样品，可采用颠倒式采水器、排空式采水器等。采集分层水的样品，也可采用所述排空式采水器，取得垂直断面的样品。

④ 采集沉积物的抓斗式采泥器 用自身重量或杠杆作用设计的深入泥

层的抓斗式采泥器，其设计的特点不一，包括弹簧制动、重力或齿板锁合方法，这些要随深入泥层的状况而不同，以及随所取样品的规模和面积而异。因此，所取样品的性质受下列因素的影响：贯穿泥层的深度；齿板锁合的角度；锁合效率（避免物体障碍的能力）；引起扰动和造成样品的流失或者在泥水界面上洗掉样品组分或生物体；在急流中样品的稳定性。在选定采泥器时，对生境、水流情况、采样面积以及可使用船只设备均应考虑。

⑤ 抓斗式挖斗　抓斗式挖斗与地面挖斗设备很相似。它们是通过一个吊杆操作将其沉降到选定的采样点上，采集较大量的混合样品，所采集到的样品比使用采泥器更能准确地代表所选定的采样地点的情况。

⑥ 岩芯采样器　岩芯采样器可采集沉积物垂直剖面样品。采集到的岩芯样品不具有机械强度，从采样器上取下样品时应小心保持泥样纵向的完整性，以便得到各层样品。

2.1.2.4　样品容器

（1）材料

为评价水质，需对水中的化学组分进行分析。选择样品容器时应考虑到组分之间的相互作用、光分解等因素，应尽量缩短样品的存放时间，减少对光、热的暴露时间等。此外，还应考虑到生物活性。最常遇到的是清洗容器不当，及容器自身材料对样品的污染和容器壁上的吸附作用。在选择采集和存放样品的容器时，还应考虑容器适应温度急剧变化、抗破裂性、密封性能、体积、形状、质量、价格、清洗和重复使用的可行性等。

一般玻璃瓶用于有机物和生物品种。塑料容器适用于放射性核素和含属于玻璃主要成分的元素的水样。采样设备经常用氯丁橡胶垫圈和油质润滑的阀门，这些材料均不适合于采集有机物和微生物样品。因此除了上述要求的物理特性外，选择采集和存放样品的容器，尤其是分析微量组分，应该遵循下述准则。

① 制造容器的材料应对水样的污染降至最小，例如玻璃（尤其是软玻璃）溶出无机组分和从塑料及合成橡胶溶出有机化合物及金属（增塑的乙烯瓶盖衬垫、氯丁橡胶盖）。

② 清洗和处理容器壁的性能，以便减少微量组分，例如重金属或放射性核素对容器表面的污染。

③ 制造容器的材料在化学和生物方面具有惰性，使样品组分与容器之间的反应减到最低限度。

④ 因待测物吸附在样品容器上也会引起误差。尤其是测痕量金属，其他待测物（如洗涤剂、农药、磷酸盐）也可引起误差。

（2）自动采样线及储样容器

自动采样线指以自动采样方式从采样点将样品抽吸到储样容器所经过的管线。采样线的材质及储样容器的材料可按材料所述准则进行选择。

（3）样品容器的种类

① 天然水样品的容器　测定天然水的理化参数，使用聚乙烯和硼硅玻璃容器进行常规采样。常用的有多种类型的细口、广口和带有螺旋帽的瓶子，也可配软木塞（外裹化学惰性金属箔片）、胶塞（不适用有机、生物分析）和磨口玻璃塞（碱性溶液易粘住塞子），这些瓶子易于购买。如果样品装在箱子中送往实验室分析，则箱盖设计必须可以防止瓶塞松动，防止样品溢漏或污染。

② 光敏物质样品的容器　除了上面提到需要考虑的事项外，一些光敏物质，包括藻类，为防止光的照射，多采用不透明材料或有色玻璃容器，而且在整个存放期间，它们应放置在避光的地方。

③ 可溶气体或组分样品的容器　若采集和分析的样品中含溶解的气体，通过曝气会改变样品的组分。细口生化需氧量瓶有锥形磨口玻璃塞，能使空气的吸收减小到最低限度。在运送过程中要求特别的密封措施。

④ 微量有机污染物样品的容器　一般情况下，使用的样品瓶为玻璃瓶。所有塑料容器干扰高灵敏度的分析，对这类分析应采用玻璃或聚四氟乙烯瓶。

⑤ 检验微生物样品的容器　用于微生物样品容器的基本要求是能够经受高温灭菌。如果是冷冻灭菌，瓶子和衬垫的材料也应该符合要求。在灭菌和样品存放期间，该材料不应该产生和释放出抑制微生物生存能力或促进繁殖的化学品。样品在运回实验室到打开前，应保持密封，并包装好，以防污染。

（4）样品的运送

空样品容器运送到采样地点，装好样品后运回实验室分析，都要非常小心。包装箱可用多种材料，如泡沫塑料、波纹纸板等，以使运送过程中样品的损耗减少到最低限度。包装箱的盖子，一般都衬有隔离材料，用以对瓶塞施加轻微的压力。气温较高时，防止生物样品发生变化，应对样品冷藏防腐或用冰块保存。

（5）质量控制

为防止样品被污染，每个实验室之间应该像一般质量保证计划那样，实施一种行之有效的容器质量控制程序。随机选择清洗干净的瓶子，注入高纯水进行分析，以保证样品瓶不残留杂质。至于采样和存放程序中的质量保证也应该是在采样后加入同分析样品时相同的试剂、相同的步骤进行处理。

2.1.2.5 采样污染的避免

（1）概述

在采样期间必须避免样品受到污染。应该考虑到所有可能的污染来源，必须采取适当的控制措施以避免污染。

（2）污染的来源

潜在的污染来源包括以下几方面：在采样容器和采样设备中残留的前一次样品的污染；来自采样点位的污染；采样绳（或链）上残留水的污染；保存样品的容器的污染；灰尘和水对采样瓶瓶盖及瓶口的污染；手、手套和采样操作的污染；采样设备内部燃烧排放的废气的污染；固定剂中杂质的污染。

（3）污染的控制

控制采样污染常用的措施有以下几种：尽可能使样品容器远离污染，以确保高质量的分析数据；避免采样点水体的搅动；彻底清洗采样容器及设备；安全存放采样容器，避免瓶盖和瓶塞的污染；采样后擦拭并晾干采样绳（或链），然后存放起来；避免用手和手套接触样品，这一点对微生物采样尤为重要，微生物采样过程中不允许手和手套接触到采样容器及瓶盖的内部和边缘；确保从采样点到采样设备的方向是顺风向，防止采样设备内部燃烧排放的废气污染采样点水体；采样后应检查每个样品中是否存在巨大的颗粒物如叶子、碎石块等，如果存在，应弃掉该样品，重新采集。

2.1.2.6 标志和记录

（1）概述

样品注入样品瓶后，按照国家标准《水质采样样品的保存和管理技术规定》中规定执行。现场记录在水质调查方案中非常重要，应从采样点到结束分析制表的过程中始终伴随着样品。采样标签上应记录样品的来源和采集时的状况（状态）以及编号等信息，然后将其粘贴到样品容器上。采样记录、交接记录与样品一同交给实验室。根据数据的最终用途确定所需要的采样资料。

（2）地面水

至少应该提供下列资料：测定项目；水体名称；地点的位置；采样点；

采样方法；水位或水流量；气象条件；水温；保存方法；样品的表观（悬浮物质、沉降物质、颜色等）；有无臭气；采样日期，采样时间；采样人姓名。

（3）地下水

至少应提供下列资料：测定项目；地点位置；采样深度；井的直径；保存方法；采样方法；含水层的结构；水位；水源的产水量；水的主要用途；气象条件；采样时的外观；水温；采样日期，采样时间；采样人姓名。

2.1.3　土壤和沉积物的采集

2.1.3.1　布点与样品数容量

（1）"随机"和"等量"原则

样品是由总体中随机采集的一些个体所组成，个体之间存在变异，因此样品与总体之间，既存在同质的"亲缘"关系，样品可作为总体的代表，但同时也存在着一定程度的异质性的，差异愈小，样品的代表性愈好；反之亦然。为了达到采集的监测样品具有好的代表性，必须避免一切主观因素，使组成总体的个体有同样的机会被选入样品，即组成样品的个体应当是随机地取自总体。另一方面，在一组需要相互之间进行比较的样品应当有同样的个体组成，否则样本大的个体所组成的样品，其代表性会大于样本少的个体组成的样品。所以，"随机"和"等量"是决定样品具有同等代表性的重要条件。

（2）布点方法

① 简单随机　将监测单元分成网格，每个网格编上号码，决定采样点样品数后，随机抽取规定的样品数的样品，其样本号码对应的网格号，即为采样点［图 2.1（a）］。随机数的获得可以利用掷骰子、抽签、查随机数表的方法。关于随机数骰子的使用方法可见《利用随机数骰子进行随机抽样的办法》（GB 10111）。简单随机布点是一种完全不带主观限制条件的布点方法。

② 分块随机　根据收集的资料，如果监测区域内的土壤有明显的几种类型，则可将区域分成几块，每块内污染物较均匀，块间的差异较明显［图 2.1（b）］。将每块作为一个监测单元，在每个监测单元内再随机布点。在正确分块的前提下，分块布点的代表性比简单随机布点好，如果分块不正确，分块布点的效果可能会适得其反。

③ 系统随机　将监测区域分成面积相等的几部分（网格划分），每网格内布设一采样点，这种布点称为系统随机布点［图 2.1（c）］。如果区域内土壤污染物含量变化较大，系统随机布点比简单随机布点所采样品的代表性要好。

 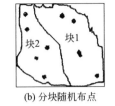 

(a) 随机布点   (b) 分块随机布点   (c) 系统布点

图 2.1 布点方式示意图

（3）基础样品数量

① 由均方差和绝对偏差计算样品数 用下列公式可计算所需的样品数：

$$N = t^2 s^2 / D^2 \tag{2.1}$$

式中，N 为样品数；t 为选定置信水平（土壤环境监测一般选定为 95%）一定自由度下的 t 值；s^2 为均方差，可从先前的其他研究或者从极差 R 估计；D 为可接受的绝对偏差。

示例：

某地土壤多氯联苯（PCB）的浓度为 0~13mg/kg，若 95% 置信度时平均值与真值的绝对偏差为 1.5mg/kg，s 为 3.25mg/kg，初选自由度为 10，则 $N = (2.23)^2 (3.25)^2 / (1.5)^2 = 23$。因为 23 比初选的 10 大得多，重新选择自由度，查 t 值，计算得 $N = (2.069)^2 (3.25)^2 / (1.5)^2 = 20$。20 个土壤样品数较大，原因是其土壤 PCB 含量分布不均匀（0~13mg/kg），要降低采样的样品数，就得牺牲监测结果的置信度（如从 95% 降低到 90%），或放宽监测结果的置信距（如从 1.5mg/kg 增加到 2.0mg/kg）。

② 由变异系数和相对偏差计算样品数

$$N = t^2 C_V^2 / m^2 \tag{2.2}$$

式中，N 为样品数；t 为选定置信水平（土壤环境监测一般选定为 95%）一定自由度下的 t 值；C_V 为变异系数，%，可从先前的其他研究资料中估计；m 为可接受的相对偏差，%，土壤环境监测一般限定为 20%~30%。

没有历史资料的地区、土壤变异程度不太大的地区，一般 C_V 可用 10%~30% 粗略估计，有效磷和有效钾变异系数 C_V 可取 50%。

（4）布点数量

土壤监测的布点数量要满足样本容量的基本要求，即上述由均方差和绝对偏差、变异系数和相对偏差计算样品数，是样品数的下限数值。实际工作中，土壤布点数量还要根据调查目的、调查精度和调查区域环境状况等因素确定。一般要求每个监测单元最少设 3 个点。

区域土壤环境调查按调查的精度不同可从 2.5km、5km、10km、20km、

40km 中选择网距网格布点，区域内的网格结点数即为土壤采样点数量。

2.1.3.2 样品采集

样品采集一般按三个阶段进行。

a. 前期采样。根据背景资料与现场考察结果，采集一定数量的样品分析测定，用于初步验证污染物空间分异性和判断土壤污染程度，为制定监测方案（选择布点方式和确定监测项目及样品数量）提供依据，前期采样可与现场调查同时进行。

b. 正式采样。按照监测方案，实施现场采样。

c. 补充采样。正式采样测试后，发现布设的样点没有满足总体设计需要，则要进行增设采样点补充采样。

面积较小的土壤污染调查和突发性土壤污染事故调查可直接采样。

（1）区域环境背景土壤采样

① 采样单元　采样单元的划分，全国土壤环境背景值监测一般以土类为主，省、自治区、直辖市级的土壤环境背景值监测以土类和成土母质母岩类型为主，省级以下或条件许可或特别工作需要的土壤环境背景值监测可划分到亚类或土属。

② 样品数量　各采样单元中的样品数量应符合"基础样品数量"要求。

③ 网格布点　网格间距 L 按下式计算：

$$L = (A/N)^{1/2} \tag{2.3}$$

式中，L 为网格间距；A 为采样单元面积；N 为采样点数。

A 和 L 的量纲要相匹配，如 A 的单位是 km^2，则 L 的单位就为 km。根据实际情况可适当减小网格间距，适当调整网格的起始经纬度，避免过多网格落在道路或河流上，使样品更具代表性。

④ 野外选点　首先采样点的自然景观应符合土壤环境背景值研究的要求。采样点选在被采土壤类型特征明显的地方，地形相对平坦、稳定、植被良好的地点；坡脚、洼地等具有从属景观特征的地点不设采样点；城镇、住宅、道路、沟渠、粪坑、坟墓附近等处人为干扰大，失去土壤的代表性，不宜设采样点，采样点离铁路、公路至少 300m 以上；采样点以剖面发育完整、层次较清楚、无侵入体为准，不在水土流失严重或表土被破坏处设采样点；选择不施或少施化肥、农药的地块作为采样点，以使样品点尽可能少受人为活动的影响；不在多种土类、多种母质母岩交错分布、面积较小的边缘地区布设采样点。

⑤ 采样　采样点可采表层样或土壤剖面。一般监测采集表层土，采样深

度 0~20cm，特殊要求的监测（土壤背景、环评、污染事故等）必要时选择部分采样点采集剖面样品。剖面的规格一般为长 1.5m，宽 0.8m，深 1.2m。挖掘土壤剖面要使观察面向阳，表土和底土分两侧放置。一般每个剖面采集 A、B、C 三层土样。地下水位较高时，剖面挖至地下水出露时为止；山地丘陵土层较薄时，剖面挖至风化层。

对 B 层发育不完整（不发育）的山地土壤，只采 A、C 两层；干旱地区剖面发育不完善的土壤，在表层 5~20cm、心土层 50cm、底土层 100cm 左右采样。水稻土按照 A 耕作层、P 犁底层、C 母质层（或 G 潜育层、W 潴育层）分层采样（图 2.2），对 P 层太薄的剖面，只采 A、C 两层（或 A、G 层或 A、W 层）。

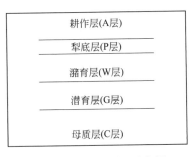

图 2.2　水稻土剖面示意图

对 A 层特别深厚、沉积层不甚发育、1m 内见不到母质的土类剖面，按 A 层 5~20cm、A/B 层 60~90cm、B 层 100~200cm 采集土壤。草甸土和潮土一般在 A 层 5~20cm、C_1 层（或 B 层）50cm、C_2 层 100~120cm 处采样。

采样次序自下而上，先采剖面的底层样品，再采中层样品，最后采上层样品。测量重金属的样品尽量用竹片或竹刀去除与金属采样器接触的部分土壤，再用其取样。剖面每层样品采集 1kg 左右，装入样品袋，样品袋一般由棉布缝制而成，如潮湿样品可内衬塑料袋（供无机化合物测定）或将样品置于玻璃瓶内（供有机化合物测定）。采样的同时，由专人填写样品标签、采样记录；标签一式两份，一份放入袋中，一份系在袋口，标签上标注采样时间、地点、样品编号、监测项目、采样深度和经纬度。采样结束，需逐项检查采样记录、样袋标签和土壤样品，如有缺项和错误，及时补齐更正。将底土和表土按原层回填到采样坑中，方可离开现场，并在采样示意图上标出采样地点，避免下次在相同处采集剖面样。

标签和采样记录格式见表 2.2、表 2.3 和图 2.3。

表 2.2   土壤样品标签样式

土壤样品标签
样品编号：
采用地点：
东经　　　　北纬
采样层次：
特征描述：
采样深度：
监测项目：
采样日期：
采样人员：

表 2.3   土壤现场记录表

采用地点		东经		北纬	
样品编号		采样日期			
样品类别		采样人员			
采样层次		采样深度/cm			
样品描述	土壤颜色		植物根系		
	土壤质地		砂砾含量		
	土壤湿度		其他异物		
采样点示意图			自下而上植被描述		

图 2.3   土壤颜色的三角表

（2）农田土壤采样

① 监测单元　土壤环境监测单元按土壤主要接纳污染物途径可划分为：大气污染型土壤监测单元；灌溉水污染监测单元；固体废物堆污染型土壤监测单元；农用固体废物污染型土壤监测单元；农用化学物质污染型土壤监测单元；综合污染型土壤监测单元（污染物主要来自上述两种以上途径）。

监测单元划分要参考土壤类型、农作物种类、耕作制度、商品生产基地、保护区类型、行政区划等要素的差异，同一单元的差别应尽可能地缩小。

② 布点　根据调查目的、调查精度和调查区域环境状况等因素确定监测单元。部门专项农业产品生产土壤环境监测布点按其专项监测要求进行。大气污染型土壤监测单元和固体废物堆污染型土壤监测单元以污染源为中心放射状布点，在主导风向和地表水的径流方向适当增加采样点（离污染源的距离远于其他点）；灌溉水污染监测单元、农用固体废物污染型土壤监测单元和农用化学物质污染型土壤监测单元采用均匀布点；灌溉水污染监测单元采用按水流方向带状布点，采样点自纳污口起由密渐疏；综合污染型土壤监测单元布点采用综合放射状、均匀、带状布点法。

③ 样品采集　a. 剖面样。特定的调查研究监测需了解污染物在土壤中的垂直分布后采集土壤剖面样。b. 混合样。一般农田土壤环境监测采集耕作层土样，种植一般农作物采 0~20cm，种植果林类农作物采 0~60cm。为了保证样品的代表性，减少监测费用，采取采集混合样的方案。每个土壤单元设 3~7 个采样区，单个采样区可以是自然分割的一个田块，也可以由多个田块所构成，其范围以 200m×200m 左右为宜。每个采样区的样品为农田土壤混合样。混合样的采集布点主要有四种方法（见图 2.4）。

（a）对角线法：适用于污灌农田土壤，对角线分 5 等份，以等分点为采样分点。

（b）梅花点法：适用于面积较小，地势平坦，土壤组成和受污染程度相对比较均匀的地块，设分点 5 个左右。

（c）棋盘式法：适宜中等面积、地势平坦、土壤不够均匀的地块，设分点 10 个左右；受污泥、垃圾等固体废物污染的土壤，分点应在 20 个以上。

（d）蛇形法：适宜于面积较大、土壤不够均匀且地势不平坦的地块，设分点 15 个左右，多用于农业污染型土壤。各分点混匀后用四分法取 1kg 土样装入样品袋，多余部分弃去。

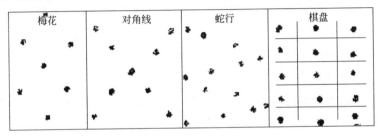

图 2.4　混合土样采样点布设示意图

④ 城市土壤采样 城市土壤是城市生态的重要组成部分，虽然城市土壤不用于农业生产，但其环境质量对城市生态系统影响极大。城区内大部分土壤被道路和建筑物覆盖，只有小部分土壤栽植草木，此处城市土壤主要是指后者，由于其复杂性分两层采样，上层（0~30cm）可能是回填土或受人为影响大的部分，另一层（30~60cm）为受人为影响相对较小部分。两层分别取样监测。城市土壤监测点以网距 2000m 的网格布设为主，功能区布点为辅，每个网格设一个采样点。对于专项研究和调查的采样点可适当加密。

（3）污染事故监测土壤采样

污染事故不可预料，接到举报后立即组织采样。现场调查和观察，取证土壤被污染时间，根据污染物及其对土壤的影响确定监测项目，尤其是污染事故的特征污染物是监测的重点。据污染物的颜色、印渍和气味以及结合考虑地势、风向等因素初步界定污染事故对土壤的污染范围。如果是固体污染物抛洒污染型，等打扫后采集表层 5cm 土样，采样点数不少于 3 个。如果是液体倾翻污染型，污染物向低洼处流动的同时向深度方向渗透并向两侧横向方向扩散，每个点分层采样，事故发生点样品点较密，采样深度较深，离事故发生点相对远处样品点较疏，采样深度较浅。采样点不少于 5 个。事故土壤监测要设定 2~3 个背景对照点，各点（层）取 1kg 土样装入样品袋，有腐蚀性或要测定挥发性化合物，改用广口瓶装样。含易分解有机物的待测定样品，采集后置于低温环境（冰箱）中，直至运送、移交到分析室。

2.1.3.3 样品制备

（1）制样工作室要求

分设风干室和磨样室。风干室朝南（严防阳光直射土样），通风良好，整洁，无尘，无易挥发性化学物质。

（2）制样工具及容器

风干用白色搪瓷盘及木盘；粗粉碎用木锤、木碾、木棒、有机玻璃棒、有机玻璃板、硬质木板、无色聚乙烯薄膜；磨样用玛瑙研磨机（球磨机）或玛瑙研钵、白色瓷研钵；过筛用尼龙筛，规格为 2~100 目；装样用具塞磨口玻璃瓶，具塞无色聚乙烯塑料瓶或特制牛皮纸袋，规格视量而定。

（3）制样程序

制样者与样品管理员同时核实清点，交接样品，在样品交接单上双方签字确认。

① 风干 在风干室将土样放置于风干盘中，摊成 2~3cm 的薄层，适时

地压碎、翻动，拣出碎石、砂砾、植物残体。

② 样品粗磨　在磨样室将风干的样品倒在有机玻璃板上，用木锤敲打，用木碾、木棒、有机玻璃棒再次压碎，拣出杂质，混匀，并用四分法取压碎样，过孔径 0.25mm（20 目）尼龙筛。过筛后的样品全部置于无色聚乙烯薄膜上，并充分搅拌混匀，再采用四分法取其两份，一份交样品库存放，另一份作样品的细磨用。粗磨样可直接用于土壤 pH、阳离子交换量、元素有效态含量等项目的分析。

③ 细磨样品　用于细磨的样品再用四分法分成两份，一份研磨到全部过孔径 0.25mm（60 目）筛，用于农药或土壤有机质、土壤全氮量等项目分析；另一份研磨到全部过孔径 0.15mm（100 目）筛，用于土壤元素全量分析。

④ 样品分装　研磨混匀后的样品，分别装于样品袋或样品瓶，填写土壤标签一式两份，瓶内或袋内一份，瓶外或袋外贴一份。

⑤ 注意事项　制样过程中采样时的土壤标签与土壤始终放在一起，严禁混错，样品名称和编码始终不变；制样工具每处理一份样后擦抹（洗）干净，严防交叉污染；分析挥发性、半挥发性有机物或可萃取有机物无须按上述过程制样，用新鲜样按特定的方法进行样品前处理。

2.1.3.4　样品保存

按样品名称、编号和粒径分类保存。

（1）新鲜样品的保存

对于易分解或易挥发等不稳定组分的样品要采取低温保存的运输方法，并尽快送到实验室分析测试。测试项目需要新鲜样品的土样，采集后用可密封的聚乙烯或玻璃容器在 4℃以下避光保存，样品要充满容器。避免用含有待测组分或对测试有干扰的材料制成的容器盛装保存样品，测定有机污染物用的土壤样品要选用玻璃容器保存。

（2）预留样品

预留样品在样品库造册保存。

（3）分析取用后的剩余样品

分析取用后的剩余样品，待测定全部完成数据报出后，也移交样品库保存。

（4）保存时间

分析取用后的剩余样品一般保留半年，预留样品一般保留 2 年。特殊、珍稀、仲裁、有争议样品一般要永久保存。

（5）样品库要求

保持干燥、通风、无阳光直射、无污染；要定期清理样品，防止霉变、鼠害及标签脱落。样品入库、领用和清理均需记录。

2.1.4 生物样品的采集

2.1.4.1 植物样品的采集和制备

（1）植物样品的采集

① 对样品的要求　采集的植物样品要具有代表性、典型性和适时性。代表性是指采集代表一定范围污染情况的植物，这就要求对污染源的分布、污染类型、植物特征、地形地貌、灌溉出入口等因素进行综合考虑，选择合适的地段作为采样区，再在采样区内划分若干采样小区，采用适宜的方法布点，确定代表性的植物。不要采集田埂、地边及距田埂、地边 2m 以内的植物。典型性是指所采集的植物部位要能充分反映通过监测所要了解的情况。根据要求分别采集植物的不同部位，如根、茎、叶、果实，不能将各部位样品随意混合。适时性是指在植物不同生长发育阶段，施药、施肥前后，适时采样监测，以掌握不同时期的污染状况和对植物生长的影响。

② 布点方法　根据现场调查和收集的资料，先选择采样区，在划分的采样小区内，常采用梅花形布点法或交叉间隔布点法确定代表性的植物。

③ 采样方法　在每个采样小区内的采样点上分别采集 5～10 处植物的根、茎、叶、果实等，将同部位样混合，组成一个混合样；也可以整株采集后带回实验室再按部位分开处理。采集样品量要能满足需要，一般经制备后，至少有 20～50g（干物质）样品。新鲜样品可按 80%～90% 的含水量计算所需样品量。若采集根系部位样品，应尽量保持根部的完整。对一般旱作物，在抖掉附在根上的泥土时，注意不要损失根毛；如采集水稻根系，在抖掉附着泥土后，应立即用清水洗净。根系样品带回实验室后，及时用清水洗（不能浸泡），再用纱布拭干。如果采集果树样品，要注意树龄、株型、生长势、载果数量和果实着生的部位及方向。如要进行新鲜样品分析，则在采集后用清洁、潮湿的纱布包住或装入塑料袋中，以免水分蒸发而萎缩。对水生植物，如浮萍、藻类等，应采集全株。从污染严重的河、塘中捞取的样品，需用清水洗净，挑去水草等杂物。采集后的样品装入布袋或聚乙烯塑料袋，贴好标签，注明编号、采样地点、植物名称、分析项目，并填写采样登记表。

④ 样品的保存　样品带回实验室后，如测定新鲜样品，应立即处理和分

析。当天不能分析完的样品，暂时放于冰箱中保存，其保存时间的长短，视污染物的性质及在生物体内的转化特点和分析测定要求而定。如果测定干样，则将鲜样放在干燥通风处晾干或于鼓风干燥箱中烘干。

（2）植物样品的制备

① 鲜样的制备　测定植物内易挥发、转化或降解的污染物（如酚、氰、亚硝酸盐等）、营养成分（如维生素、氨基酸、糖、植物碱等），以及多汁的瓜、果、蔬菜样品，应使用新鲜样品。鲜样的制备方法是：a. 将样品用清水、去离子水洗净，晾干或拭干；b. 将晾干的鲜样切碎、混匀，称取 100g 于电动高速组织捣碎机的捣碎杯中，加适量蒸馏水或去离子水，开动捣碎机捣碎 1～2min，制成匀浆，对含水量大的样品，如熟透的番茄等，捣碎时可以不加水；c. 对于含纤维素较多或较硬的样品，如禾本科植物的根、茎秆、叶等，可用不锈钢刀或剪刀切（剪）成小片或小块，混匀后在研钵中加石英砂研磨。

② 干样的制备　分析植物中稳定的污染物，如某些金属元素和非金属元素、有机农药等，一般风干样品，其制备方法是：a. 将洗净的植物鲜样尽快放在干燥通风处风干（茎秆样品可以劈开），如果遇到阴雨天或潮湿气候，可放在 40～60℃鼓风干燥箱中烘干，以免发霉腐烂，并减少化学和生物化学变化；b. 将风干或烘干的样品去除灰尘、杂物，用剪刀剪碎（或先剪碎再烘干），再用磨碎机磨碎，谷类作物的种子样品如稻谷等，应先脱壳再粉碎；c. 将粉碎后的样品过筛，一般要求通过 1mm 孔径筛即可，有些分析项目要求通过 0.25mm 孔径筛，制备好的样品储存于磨口玻璃广口瓶或聚乙烯广口瓶中备用；d. 对于测定某些金属含量的样品，应注意避免受金属器械和筛子等的污染，因此，最好用玛瑙研钵磨碎，尼龙筛过筛，聚乙烯瓶保存。

（3）分析结果表示方法

植物样品中污染物的分析结果常以干物质质量为基础表示［mg/kg（干物质）］，以便比较各样品中某一成分含量的高低。因此，还需要测定样品的含水量，对分析结果进行换算。含水量常用重量法测定，即称取一定量鲜样或干样，于 100～105℃烘干至恒重，由其质量减少量计算含水量。对含水量高的蔬菜、水果等，以鲜样质量表示计算结果为好。

2.1.4.2 动物样品的采集和制备

动物的尿液、血液、唾液、胃液、乳液、粪便、毛发、指甲、骨骼和组织等均可作为检验样品。

（1）尿液

动物体内绝大部分毒物及其代谢产物主要由肾经膀胱、尿道随尿液排出。尿液收集方便，因此，尿检在医学临床检验中应用广泛。尿液中的排泄物一般早晨浓度较高，可一次收集，也可以收集 8h 或 24h 的尿样，测定结果为收集时间内尿液中污染物的平均含量。

（2）血液

血液中有害物的浓度可反映近期接触污染物质的水平，并与其吸收量成正相关。传统的从静脉取血样的方法，其操作较烦琐，取样量大。随着分析技术的发展，减少了血样用量，用耳血、指血代替静脉血，给实际工作带来了方便。

（3）毛发和指甲

积累在毛发和指甲中的污染物（如砷、锰、有机汞等）残留时间较长，即使已脱离与污染物接触或停止摄入污染食物，血液和尿液中污染物含量已下降，而毛发和指甲中仍容易检出。头发中的汞、砷等含量较高，样品容易采集和保存，故在医学和环境分析中应用较广泛。人头发样品一般采集 2～5g，男性采集枕部头发，女性原则上采集短发。采样后，用中性洗涤剂洗涤，去离子水冲洗，最后用乙醚或丙酮洗净，室温下充分晾干后保存和备用。

（4）组织和脏器

采用动物的组织和脏器作为检验样品，对调查研究环境污染物在机体内的分布、积累、毒性和环境毒理学等方面的研究都有重要意义。但是，组织和脏器的部位复杂，且柔软、易破裂混合，因此取样操作要小心。

以肝为检验样品时，应剥去被膜，取右叶的前上方表面下几厘米处纤维组织丰富的部位作为样品。检验肾时，剥去被膜，分别取皮质和髓质部分作为样品，避免在皮质与髓质结合处采样。检验个体较大的动物受污染情况时，可在躯干的各部位切取肌肉片制成混合样。采集组织和脏器样品后，应放在组织捣碎机中捣碎、混匀，制成浆状鲜样备用。

（5）水产食品

水产品如鱼、虾、贝类等是人们常吃的食物，其中的污染物可通过食物链进入人体，对人体产生不良影响。样品从监测区域内水产品产地或最初集中地采集。一般采集产量高、分布范围广的水产品，所采品种尽可能齐全，以较客观地反映水产食品被污染的水平。从对人体的直接影响考虑，一般只取水产品的可食部分进行检测。对于鱼类，先按种类和大小分类，取其代表性的数量（如大鱼 3~5 条，小鱼 10~30 条），洗净后滤去水分，去除鱼鳞、鳍、内脏、皮、骨等，分别取每条鱼的厚肉制成混合样，切碎、混匀，或用组织捣碎机捣碎成糊状，立即分析或储存于样品瓶中，置于冰箱内备用。对于虾类，将原样品用水洗净，剥去虾头、甲壳、肠腺，分别取虾肉捣碎制成混合样。对于毛虾，先拣出原样中的杂草、沙石、小鱼等异物，晾至表面水分刚尽，取整虾捣碎制成混合样。贝类或甲壳类，先用水冲洗去除泥沙，滤干，再剥去外壳，取可食部分制成混合样，并捣碎、混匀，制成浆状鲜样备用。对于海藻类如海带，选取数条洗净，沿中央筋剪开，各取其半，剪碎混匀制成混合样，按四分法缩分至 100~200g 备用。

2.2 检测方法

2.2.1 有机氯农药的检测

2.2.1.1 气相色谱法测定六六六和滴滴涕的残留量

（1）原理

样品中的六六六和滴滴涕农药残留量分析采用有机溶剂提取，经液液分配及浓硫酸净化或柱层析净化除去干扰物质，用电子捕获检测器（ECD）检测，根据色谱峰的保留时间定性，外标法定量。

（2）试剂与材料

① 载气：氮气（N_2）纯度≥99.99%。

② 标准样品及土壤样品分析时使用的试剂和材料。所使用的试剂除另有规定外均为分析纯，水为蒸馏水。

③ 农药标准品：α-BHC、β-BHC、γ-BHC、δ-BHC、p,p'-DDE、o,p'-DDT、p,p'-DDD、p,p'-DDT、纯度为 98.0%~ 99.0%。

a. 农药标准溶液制备：准确称取农药标准品的每种 100mg（准确到±0.0001g），溶于异辛烷或正己烷（β-BHC 先用少量苯溶解），在 100mL 容量瓶中定容至刻度，在冰箱中储存。

b. 农药标准中间溶液配制：用移液管分别量取八种农药标准溶液，移至 100mL 容量瓶中，用异辛烷或正己烷稀释至刻度，八种储备液的体积比为：$V_{\alpha\text{-BHC}} : V_{\beta\text{-BHC}} : V_{\gamma\text{-BHC}} : V_{\delta\text{-BHC}} : V_{p,p'\text{-DDE}} : V_{o,p'\text{-DDT}} : V_{p,p'\text{-DDD}} : V_{p,p'\text{-DDT}} = 1:1:3.5:1:3.5:5:3:8$（适用于填充柱）。

c. 农药标准工作溶液配制：根据检测器的灵敏度及线性要求，用石油醚或正己烷稀释中间标液，配制成几种浓度的标准工作溶液，在 4℃下储存。

④ 异辛烷（C_8H_{18}）。

⑤ 正己烷（C_6H_{14}）：沸程 67～69℃，重蒸。

⑥ 石油醚：沸程 60～90℃，重蒸。

⑦ 丙酮（CH_3COCH_3）：重蒸。

⑧ 苯、浓硫酸：优级纯。

⑨ 无水硫酸钠：在 300℃烘箱中烘烤 4h，放入干燥器备用。

⑩ 硫酸钠溶液：20g/L。

⑪ 硅藻土：试剂级。

（3）仪器

① 脂肪提取器（索式提取器）、旋转蒸发器、振荡器、水浴锅、离心机、微量注射器、万能粉碎机、组织捣碎机、真空泵。

② 玻璃器皿：样品瓶（玻璃磨口瓶）；250mL、500mL、300mL 分液漏斗，100mL、250mL、300mL 具塞锥形瓶；50mL、100mL 量筒；250mL 平底烧瓶；25mL、50mL、100mL 容量瓶；500mL 抽滤瓶；直径 5～9cm 布氏漏斗；直径 0.6～1.0cm，长 20cm 玻璃层析柱；250mL 平底烧瓶；10mL、20mL 刻度试管（经标定），研钵。

③ 气相色谱仪：带电子捕获检测器（^{63}Ni 放射源）。

（4）样品的采集与储存方法

按照 NY/T 395 中有关规定采集样品。

① 样品的采集

a. 土壤样品：采集后风干去杂物，研碎过 60 目筛，充分混匀，取 500g 装入样品瓶中备用。

b. 禽畜（包括鸟兽）：家禽取 1～3 只杀好的，从脊背切开，取其整体一半，去骨骼，然后捣碎，混合，备用。家畜，根据测试目的，取其有代表性的样品 0.5～1.0kg，捣碎，混匀，备用。

c. 鱼：去鳞、鳍、内脏，沿背脊纵剖后取其 1/2 或数分之一（50g 以下者取整体），剔刺，用滤纸吸干表面水，切碎，混匀，备用。

d. 蚯蚓：从田间采集 20～50 条，在玻璃器皿中自然排泥 2 天（皿底垫滤纸加水湿润），然后洗净，用滤纸吸干表面水，取 20 条切碎，混匀，备用。

e. 粮食：采取 500g 具代表性的（小麦、稻米、玉米等）样品，粉碎，过 40 目筛混匀，装入样品瓶备用。

f. 果蔬、藕：取其代表性的果蔬、藕的可食部分 1.0kg，切碎，取

200.0g 测水分含量，其余供实验用。

② 样品的保存　样品采集后应尽快分析，如暂不分析可保存在－18℃冷冻箱中。

（5）分析步骤

① 提取

a. 土壤　准确称取 20.0g 土壤置于小烧杯中，加蒸馏水 2mL，硅藻土 4g，充分混匀，无损地移入滤纸筒内，上部盖一片滤纸，将滤纸筒装入索式提取器中，加 100mL 石油醚-丙酮（1∶1），用 30mL 浸泡土样 12h 后在 75～95℃恒温水浴锅上加热提取 4h，每次回流 4～6 次，待冷却后，将提取液移入 300mL 的分液漏斗中，用 10mL 石油醚分三次冲洗提取器及烧瓶，将洗液并入分液漏斗中，加入 100mL 硫酸钠溶液，振荡 1min，静置分层后，弃去下层丙酮水溶液，留下石油醚提取液待净化。

b. 粮食

（a）A 法：准确称取 10.0g 样品置于 250mL 具塞三角瓶中，加入 60mL 石油醚浸泡过夜，将上清液转入 250mL 分液漏斗中，再用 40mL 石油醚分两次洗涤三角瓶及样品，合并洗涤液于分液漏斗中，待净化。

（b）B 法：准确称取 10.0g 样品置于 250mL 具塞三角瓶中，加入 100mL 石油醚，于电动振荡器上振荡 1h，提取液转移入 250mL 离心杯中（每次用 20mL 石油醚洗涤三角瓶后，倒入离心杯中离心 10min），上清液合并于 250mL 分液漏斗中，待净化。

c. 果蔬、水生植物样（藕）

（a）A 法：准确称取 200.0g 样品置于组织捣碎机缸内，快速捣碎 1～2min，称取匀浆 50.0g，置于 250mL 三角瓶中，加丙酮 100mL，振摇 1min，浸泡 1h 后过滤入 500mL 分液漏斗中，残渣用 30mL 丙酮分三次洗涤，洗涤液合并于分液漏斗中，然后加入 50mL 石油醚，振摇 1min，静置分层后，将下层丙酮水溶液移入另一 500mL 分液漏斗中，用 50mL 石油醚再提取一次，用 20mL 石油醚洗涤分液漏斗，并加入提取液中，然后加 200mL 硫酸钠溶液，振摇 1min，静置分层，弃去下层丙酮水溶液、石油醚提取液，待净化。

（b）B 法：准确称取鲜样 50.0g，加 25g 无水硫酸钠于组织捣碎机缸中，加入丙酮 80mL，石油醚 20mL，快速捣碎 2min，浆液经装有助滤剂 545 的布氏漏斗抽滤，然后用丙酮 3×10mL，冲洗残渣直至滤液近无色时止。滤液移入 500mL 分液漏斗中，加 100mL 硫酸钠溶液振摇 1min，静置分层后，弃去水层，待净化。

d. 茶叶　准确称取 5.0g 茶叶样，放入 100mL 具塞三角瓶中，加入 22mL 正己烷，3mL 丙酮，振摇 0.5h 后浸泡过夜，而后用装有玻璃纤维的漏斗过滤，下接 25mL 容量瓶，用正己烷定容，然后取 5mL（相当于 1g 茶叶样），待净化。

e. 动物性样品：（a）A 法（消解法）：准确称取样品 2.0～5.0g，置于 150mL 具塞三角瓶中，加入消解液 [60% $HClO_4$-冰乙酸（1:1，体积比）] 40mL，盖好玻璃塞，在室温下静置 12h 以上。然后在 85℃～90℃ 水浴中热消解 3h；待冷却后加入石油醚 10mL，振摇 2min，静置分层后用细嘴滴管将石油醚层移入 250mL 分液漏斗中。再以 20mL 石油醚分两次重复提取（最后一次在三角瓶中缓缓加入蒸馏水至瓶颈）。吸尽石油醚浮层，合并三次提取液于分液漏斗中，待净化。

（b）B 法（索氏提取法）：准确称取均样 2.0～5.0g，加入 10～25g 无水硫酸钠研成粉状，装入滤纸筒内，放入索氏提取器中，用 80mL 石油醚浸泡过夜后，抽提 4～5h，每小时回流 4～6 次，冷却后将提取液转入 100mL 容量瓶中，在室温下用石油醚定容至刻度。

② 净化

a. A 法（浓硫酸净化法）：适用于土壤、粮食、果蔬、水生植物及动物肉类样品。在分液漏斗中加入石油醚提取液体积的 1/10 的浓硫酸，振摇 1min，静置分层后，弃去硫酸层（注意：用浓硫酸净化过程中，要防止发热爆炸，加浓硫酸后，开始要慢慢振摇，不断放气，然后再较快振摇），按上述步骤重复数次，直至加入的石油醚提取液二相界面清晰均呈透明时止。然后向弃去硫酸层的石油醚提取液中加入其体积量一半左右的硫酸钠溶液，振摇十余次。待其静置分层后弃去水层。如此重复至提取液成中性时止（一般 2～4 次），石油醚提取液再经装有少量无水硫酸钠的筒型漏斗脱水，滤入 250mL 平底烧瓶中，用旋转蒸发器浓缩至 5mL，定容 10mL。定容，供气相色谱测定。

b. B 法（酸性硅藻土柱层析法）：适用于茶叶、蚯蚓等小动物及动物内脏样品。取内径 0.8～1.0cm，长 18～20cm 干燥的层析柱，柱底端塞上玻璃棉。加约 2cm 厚的无水硫酸钠，再装入 3～4g 新调制的酸性硅藻土（10g 硅藻土加 3mL 发烟硫酸，拌匀后，再加 3mL 浓硫酸拌匀，即可），上面再装 2cm 厚无水硫酸钠，用橡皮锤子轻轻敲打柱子，使其松紧适度。取待净化的提取液于旋转蒸发器中浓缩到 1～2mL，倾入装好的层析柱中，使用适当规格的容量瓶收集淋洗液。待层析往中提取液液面刚进入无水硫酸钠层后，用与提取液相同的溶剂 10mL（石油醚或正己烷）反复淋洗层析柱，直到容量瓶收集到定容 10mL，供气相色谱测定。

③ 气相色谱测定

a. 测定条件 A

（a）玻璃柱：2.0m×2mm（i.d），填装涂有 1.5% OV-17＋1.95% QF-1 的 Chromosorb WAW-DMCS，80～100 目的担体。

（b）玻璃柱：2.0m×2mm（i.d），填装涂有 1.5% OV-17＋ 1.95% OV-210 的 Chromosorb WAW-DMCS-HP 80～100 目的担体。

（c）温度：柱箱 195～200℃，气化室 220℃，检测器 280～300℃。

（d）气体流速：氮气（N_2）50～70mL/min。

（e）检测器：电子捕获检测器（ECD）。

b. 测定条件 B

（a）柱：石英弹性毛细管柱 DB-17，30m×0.25mm（i.d）。

（b）温度（柱温采用程序升温方式）：150℃ $\xrightarrow{\text{恒温 1mm，8℃/min}}$ 280℃ $\xrightarrow{\text{恒温 280min}}$ 280℃，进样口 220℃，检定器（ECD）320℃。

（c）气体流速：氮气 1.0mL/min；尾吹 37.25mL/min。

c. 气相色谱中使用农药标准样品的条件：标准样品的进样体积与试样的进样体积相同，标准样品的响应值接近试样的响应值。当一个标样连续注射进样两次，其峰高（或峰面积）相对偏差不大于 7%，即认为仪器处于稳定状态。在实际测定时，标准样品和试样应交叉进样分析。

d. 进样：注射器进样，进样量 1～4μL。

e. 定性分析和定量分析

（a）定性分析：组分的色谱峰顺序为 α-BHC、β-BHC、γ-BHC、δ-BHC、p,p'-DDE、o,p'-DDT、p,p'-DDD、p,p'-DDT。检验可能存在的干扰，采取双柱定性。用另一根色谱柱 1.5% OV-17＋1.95% OV-210 的 Chromosorb WAW-DMCS-HP 80～100 目进行确证检验色谱分析，可确定六六六、滴滴涕及杂质干扰状况。

（b）定量分析：吸取 1μL 混合标准溶液注入气相色谱仪，记录色谱峰的保留时间和峰高（或峰面积）。再吸取 1μL 试样，注入气相色谱仪，记录色谱峰的保留时间和峰高（或峰面积），根据色谱峰的保留时间和峰高（或峰面积）采用外标法定性和定量。

$$X=\frac{c_{is}V_{is}H_i(S_i)V}{V_iH_{is}(S_{is})m} \tag{2.4}$$

式中，X 为样本中农药残留量，mg/kg；c_{is} 为标准溶液中 i 组分农药浓度，μg/mL；V_{is} 为标准溶液进样体积，μL；V 为样本溶液最终定容体积，mL；V_i 为样本溶液进样体积，μL；$H_{is}(S_{is})$ 为标准溶液中 i 组分农药的峰高，mm（峰面积，m²）；$H_i(S_i)$ 为样本溶液中 i 组分农药的峰高，mm（峰面积，m²）；m 为称样质量，g。

（6）结果表示

① 定性结果　根据标准样品的色谱图中各组分的保留时间来确定被测试样中出现的六六六和滴滴涕各组分数目和组分名称。

② 定量结果　以 mg/kg 表示；精密度即变异系数：$2.08\% \sim 8.19\%$；准确度即加标回收率：$90.0\% \sim 99.2\%$；检测限：$0.49 \times 10^{-4} \sim 4.87 \times 10^{-3}$ mg/kg。

2.2.1.2　气相色谱-质谱法测定食品中狄氏剂和异狄氏剂残留量

适用于大米、绿豆、菠菜、青豆、柑橘、葡萄、板栗、玫瑰花、茶叶、猪肉、鸡肉、猪肝、鳗鱼、蜂蜜中狄氏剂和异狄氏剂残留量的测定。

（1）原理

样品经乙腈-乙酸乙酯或乙酸乙酯提取后通过中性氧化铝或弗罗里硅土或活性炭固相萃取小柱净化，采用气相色谱-质谱 NCI 模式选择离子测定，外标法定量。

（2）试剂和材料

① 分析纯：丙酮、乙酸乙酯、正己烷、甲醇、氯化钠；色谱纯：乙腈。

② 无水硫酸钠：650℃下灼烧 4h，在干燥器中冷却至室温，储存于密封瓶中备用。

③ 乙腈＋乙酸乙酯（4＋1，体积比）。

④ 乙腈＋乙酸乙酯（2＋3，体积比）。

⑤ 正己烷＋乙酸乙酯（1＋4，体积比）。

⑥ 正己烷＋丙酮（4＋1，体积比）。

⑦ 标准物质及标准溶液

a. 标准物质

（a）狄氏剂：纯度大于等于 99.0%（CAS：60571）。

（b）异狄氏剂：纯度大于等于 99.0%（CAS：72208）。

b. 狄氏剂和异狄氏剂标准储备液：准确称取适量狄氏剂、异狄氏剂，用乙酸乙酯配制成浓度为 1.00mg/mL 的标准储备液，该溶液于 18℃ 冰箱中保存。

c. 狄氏剂和异狄氏剂标准中间溶液：准确吸取适量标准储备液，用乙酸乙酯稀释至浓度为 10.0μg/mL 的标准中间溶液，该溶液在 18℃冰箱中保存。

d. 狄氏剂和异狄氏剂标准工作液：根据需要将标准中间溶液用乙酸乙酯稀释成适当浓度的标准工作液，该溶液在 18℃冰箱中保存。

⑧ 中性氧化铝固相萃取柱：2500mg，6mL。

⑨ 弗罗里硅土固相萃取柱：1000mg，3mL。

⑩ 活性炭固相萃取柱：200mg，3mL。

⑪ Strata SDB-L 固相萃取柱：Styrene-Divinylbenzene Polymer，200mg，3mL，或相当者。

（3）仪器和设备

① 气相色谱-质谱联用仪，配有负离子化学源（NCI）。

② 高速均质机、水浴超声波发生装置、离心机（4000r/min，6000r/min）、旋转蒸发仪、氮气吹干仪、固相萃取装置、旋涡振荡器。

③ 5mL 具塞玻璃刻度离心试管、50mL 聚四氟乙烯螺口离心瓶、砂芯漏斗。

（4）样品制备与保存

① 样品制备

a. 菠菜、青豆、柑橘、葡萄：取有代表性样品约 500g，将其可食用部分切碎后，用捣碎机加工成浆状。混匀，装入洁净容器，密闭，标明标记。

b. 大米、绿豆、板栗、玫瑰花、茶叶：取有代表性样品约 500g，用粉碎机粉碎并通过孔径 2.0mm 圆孔筛。混匀，装入洁净容器，密闭，标明标记。

c. 猪肉、鸡肉、猪肝、鳗鱼：取有代表性样品约 500g，剔骨去皮，用绞肉机绞碎，混匀，装入洁净容器，密闭，标明标记。

d. 醋：取有代表性样品约 500g，混匀，装入洁净容器，密闭，标明标记。

e. 蜂蜜：取代表性样品约 500g，对无结晶的蜂蜜样品将其搅拌均匀；对有结晶析出的蜂蜜样品，在密闭情况下，将样品瓶置于不超过 60℃的水浴中温热，振荡，待样品全部融化后搅匀，迅速冷却至室温。在融化时应注意防止水分挥发。装入洁净容器，密封，标明标记。

② 试样保存　茶叶、蜂蜜、醋、粮谷及坚果类等试样于 0～4℃保存；水果蔬菜类和动物源性食品等试样于 −18℃以下冷冻保存。在抽样及制样的操作过程中，应防止样品受到污染或发生残留物含量的变化。

(5) 测定步骤

① 提取

a. 大米、绿豆：称取 5.0g（精确至 0.01g）试样于 50mL 离心管中，加 3g 氯化钠，加 20mL 乙腈＋乙酸乙酯（4＋1，体积比），加 3g 无水硫酸钠，匀质提取 1min，超声 10min，4000r/min 离心 5min，移取上清液于鸡心瓶中，再分别用 10mL，乙腈-乙酸乙酯（4＋1，体积比）洗涤残渣两次，合并提取液，在 45℃下减压浓缩至近干，用 1.0mL 正己烷溶解残渣，待净化。

b. 菠菜、青豆、柑橘、葡萄：准确称取 20.0g（精确至 0.01g）试样于 100mL 具塞三角锥瓶，加入 6g 氯化钠，搅匀，加入 20mL 乙酸乙酯提取，振荡 1min，再加 10g 无水硫酸钠，涡动 1min，超声 10min。取砂芯漏斗装入 40g 的无水硫酸钠，将上述的样本及乙酸乙酯混合液过此无水硫酸钠柱。再用 15mL 乙酸乙酯淋洗残渣 3 次，合并滤液其于 50mL 比色管中，用乙酸乙酯定容至 50mL，摇匀，移取 10mL，于 20mL 试管中，待净化。

c. 猪肉、鸡肉、猪肝：称取 5.0g（精确至 0.01g）试样于 50mL 离心管中，加 10g 无水硫酸钠，25mL 乙腈＋乙酸乙酯（2＋3，体积比），匀质提取 1min，超声 10min，6000r/min 离心 5min，移取 10mL 上清液于 20mL 试管中，待净化。

d. 鳗鱼、板栗：称取 5.0g（精确至 0.01g）试样于 50mL 离心管中，加 20g 无水硫酸钠，25mL 乙腈＋乙酸乙酯（4＋1，体积比），匀质提取 1min，超声 10min，6000r/min 离心 5min，移取 10mL 上清液于 20mL 试管中，待净化。

e. 茶叶、玫瑰花：称取 0.5g（精确至 0.001g）试样于 10mL 离心管中，加 1.5mL 水，浸泡 20min，加 0.2g 氯化钠，0.2g 无水硫酸钠，振荡混匀，加 2mL 正己烷＋乙酸乙酯（4＋1，体积比）提取 3 次，旋涡振荡提取，离心 4000r/min 离心 3min，合并提取液，待净化。

f. 蜂蜜、醋：称取 1.0g（精确至 0.01g）试样于 10mL 试管中，蜂蜜需加 5mL 水，稀释混匀，过 SDB-L 固相萃取柱（依次用 2mL 甲醇、2mL 水活化小柱），用 15mL 水洗涤，流速控制为 3mL/min，抽干 2min，依次用 2mL 丙酮、3mL 乙酸乙酯洗脱，流速控制为 1mL/min，收集洗脱液于鸡心瓶中，在 45℃下减压浓缩至约 0.5mL，待净化。

② 净化

a. 大米、绿豆、蜂蜜、醋：弗罗里硅土固相萃取柱上端填装 0.5g 无水硫酸钠。用 3mL 正己烷＋丙酮（4＋1，体积比）活化小柱。将待净化溶液过弗罗里硅土固相萃取柱，用 1.0mL 正己烷＋丙酮（4＋1，体积比）洗脱 4 次。流速控制为 1mL/min，收集洗脱液于 10mL 玻璃试管中，在 45℃下吹氮浓缩至近干，用乙酸乙酯定容至 1.0mL，待测。

b. 菠菜、青豆、柑橘、葡萄：活性炭固相萃取柱用 2mL 乙酸乙酯活化柱两次，弃去流出液。将待净化溶液过活性炭固相萃取柱，再用 2mL 乙酸乙酯洗脱两次，流速控制为 1mL/min，收集洗脱液于 10mL 玻璃试管中，在 45℃下吹氮浓缩至近干，用乙酸乙酯定容至 1.0mL，待测。

c. 猪肉、鸡肉、猪肝、鳗鱼、板栗：中性氧化铝固相萃取柱上填装 1g 无水硫酸钠，用 4mL 乙腈＋乙酸乙酯（4＋1，体积比）活化，弃去流出液。将待净化溶液过中性氧化铝固相萃取柱，用 2mL 乙腈＋乙酸乙酯（4＋1，体积比）洗脱，控制流速为 1mL/min，收集洗脱液于玻璃试管中，在 45℃下减压浓缩至近干，加入 1.0mL 正己烷＋丙酮（4＋1，体积比）振摇溶解残渣，过弗罗里硅土固相萃取柱（柱上填装 0.5g 无水硫酸钠），用 1.0mL 正己烷＋丙酮（4＋1，体积比）洗脱 4 次，流速控制为 1mL/min，收集洗脱液，在 45℃下吹氮浓缩至近干，用乙酸乙酯定容至 1.0mL，待测。

d. 茶叶、玫瑰花：活性炭固相萃取柱用 2mL 乙酸乙酯活化两次，弃去流出液。将待净化溶液过活性炭固相萃取柱，用 1mL 乙酸乙酯洗脱，流速控制为 1mL/min，收集洗脱液，在 45℃下吹氮浓缩至约 0.5mL，过弗罗里硅土固相萃取柱（柱上端填装 0.5g 无水硫酸钠），用 1.0mL 正己烷＋丙酮（4＋1，体积比）洗脱 4 次，流速控制为 1mL/min，收集洗脱液于 10mL 玻璃试管中，在 45℃下吹氮浓缩至近干，用乙酸乙酯定容至 1.0mL，待测。

③ 测定

a. 气相色谱-质谱条件

（a）色谱柱：DB-XLB 石英毛细管柱，30m×0.25mm（内径）×0.25m，或性能相当者。

（b）载气：氦气（纯度 99.999%），流量 1.5mL/min，压力 14.6psi。

（c）进样模式：无分流进样，1min 后开阀，进样量 1L。

（d）进样口温度：270℃，接口温度 280℃。

（e）升温程序：800℃（1.5min）$\xrightarrow{20℃/min}$ 220℃（3min）$\xrightarrow{5℃/min}$ 255℃ $\xrightarrow{20℃/min}$ 280℃（4min）。

（f）电离方式：NCI；离子源温度（NCI）150℃；四极杆温度 150℃；溶剂延迟 5min；反应气：甲烷；流量：4000mL/min；检测方式：SIM。

(g) 监测离子和定量离子见表 2.4。

表 2.4　监测离子和定量离子

目标物	时间/min	监测离子（m/z）	定量离子（m/z）
狄氏剂	16.1	237，380，239，346	346
异狄氏剂	16.9	380，70，308，315	380

b. 气相色谱-质谱检测及确证：根据试样中被测物的含量情况，选取响应值相近的标准工作溶液，标准工作溶液和待测样液中被测物的响应值均应在仪器线性范围内。对标准工作溶液和样液等体积穿插进样测定。标准溶液及样液均按溶液相同的保留时间有峰出现，则对其进行确证。经确证分析被测物质色谱峰保留时间与标准物质相一致，并且在扣除背景后的样品谱图中，所选择的离子均出现；同时所选择离子的丰度比与标准样物质相关离子的相对丰度一致，相似度在允许的相对偏差之内（见表 2.5），被确证的样品可判定为狄氏剂和异狄氏剂阳性检出。

表 2.5　定性确证时相对离子丰度的最大允许偏差

相对离子丰度	>50	>20～50	>10～20	<10
允许的相对偏差/%	±20	±25	±30	±50

④ 空白试验　除不加试样外，按上述测定步骤进行。

（6）结果计算和表述

用色谱数据处理机或按式（2.5）计算试样中狄氏剂和异狄氏剂的残留含量，计算结果需扣除空白值。

$$X = \frac{AcV}{A_s m} \tag{2.5}$$

式中，X 为试样中狄氏剂和异狄氏剂含量，$\mu g/kg$；A 为样液中狄氏剂和异狄氏剂特征单离子的色谱峰面积，mm^2；A_s 为标准工作溶液中狄氏剂和异狄氏剂特征单离子的色谱峰面积，mm^2；c 为标准工作溶液中狄氏剂和异狄氏剂浓度，$\mu g/L$；V 为最终样液的定容体积，mL；m 为最终样液所代表试样量，g。

计算结果应扣除空白值，且计算结果应表示到小数点后两位。

（7）测定低限、回收率

测定低限：本方法鳗鱼和蜂蜜中狄氏剂的测定低限为 2.5$\mu g/kg$；其他样中狄氏剂的测定低限均为 5.0g/kg。

样品中狄氏剂和异狄氏剂加标回收率见表 2.6。

表 2.6 样品中狄氏剂和异狄氏剂加标回收率

样品名称	添加浓度/(g/kg)	回收率/%	
		狄氏剂	异氏试剂
大米	5.0	80.6～93.2	85.0～99.2
	10	84.5～98.6	86.5～97.4
	50	88.8～99.8	87.9～99.5
菠菜	5.0	77.2～86.8	80.4～93.4
	10	87.6～95.4	83.2～94.7
	50	89.6～97.1	89.0～98.2
柑橘	5.0	80.6～93.2	85.0～99.2
	10	84.5～98.6	86.5～97.4
	50	88.8～99.8	87.9～99.5
猪肉	5.0	80.4～88.4	87.0～100.6
	10	80.2～86.9	88.4～102.0
	100	85.9～93.2	90.5～94.7
猪肝	5.0	82.4～89.4	85.8～100.8
	10	82.0～90.5	96.5～103.2
	100	85.5～95.2	87.3～96.5
板栗	5.0	81.6～92.4	89.6～96.6
	10	89.5～96.3	90.7～96.3
	50	88.4～97.0	90.8～95.4
玫瑰花	5.0	77.2～91.4	88.2～102.6
	10	79.4～93.4	80.4～92.1
	50	84.8～97.0	85.4～98.8
鳗鱼	狄氏剂 2.5 异狄氏剂 5.0	89.2～92.4	92.0～97.2
	10	88.7～94.4	89.0～94.1
	50	89.6～97.1	89.0～98.2
绿豆	5.0	82.8～93.6	88.6～98.4
	10	88.58～97.6	88.3～98.2
	50	90.4～98.2	87.6～98.4
青豆	5.0	79.6～91.4	80.8～92.2
	10	88.7～94.4	89.0～94.1
	50	89.6～97.1	89.0～98.2

样品名称	添加浓度/(g/kg)	回收率/%	
		狄氏剂	异氏试剂
葡萄	5.0	79.6~91.4	80.8~92.2
	10	88.7~94.4	89.0~94.1
	50	89.6~97.1	89.0~98.2
鸡肉	5.0	77.8~91.8	87.2~102.4
	10	83.2~92.3	82.6~92.4
	100	85.5~95.2	87.3~96.5
茶叶	5.0	83.2~90.8	89.6~106.4
	10	89.5~96.3	82.4~96.6
	50	90.4~99.8	90.8~95.4
醋	5.0	97.4~105.8	84.0~98.8
	10	92.14~98.5	95.6~102.2
	50	82.6~99.0	94.2~99.8
蜂蜜	2.5	88.4~97.0	90.8~95.4
	10	97.4~105.8	84.0~98.8
	50	92.14~98.5	95.6~102.2

2.2.1.3 气相色谱法测定出口水产品中毒杀芬残留量

适用于鳕鱼、扇贝、虾、蟹中毒杀芬残留量的检测。

（1）原理

样品中的毒杀芬经用丙酮-正己烷混合液提取，正己烷饱和的乙腈进行液液分配，弗罗里硅土柱净化、浓缩后，用气相色谱仪测定，归一化法定量。

（2）试剂和材料

除特殊规定外所用试剂均为分析纯，水为 GB/T 6682 规定的一级水。

① 无水硫酸钠　经 650℃灼烧 4h，冷却至室温，储于密闭干燥器中备用。

② 色谱纯　乙腈、正己烷、丙酮。

③ 丙酮-正己烷混合溶液（1＋1，体积比）　量取 250mL 丙酮，加入 250mL 正己烷，混匀。

④ 20g/L 的硫酸钠水溶液　称取 20.0g 无水硫酸钠固体，加入 500mL 水中，边加边振荡，以使无水硫酸钠完全溶解，最后加水定容至 1L。

⑤ 正己烷饱和的乙腈溶液　20mL 正己烷中加入 100mL 乙腈，充分振荡后，静置分层，取下层乙腈层备用。

⑥ 正己烷-乙酸乙酯溶液（95＋5，体积比）　量取 25mL 乙酸乙酯，用 475mL 正己烷稀释。

⑦ 弗罗里硅土　450℃下灼烧 2h，冷却后在干燥器中储存备用。

⑧ 弗罗里硅土柱　300mm×15mm（内径）玻璃柱，内装有 5g 弗罗里硅土，顶部和底部分别装有 1cm 高的无水硫酸钠。

⑨ 毒杀芬标准品　已知纯度（约 78％），CAS 号：8001-35-2。

⑩ 毒杀芬标准储备溶液　准确称取适量的毒杀芬标准品，用丙酮配成浓度为 100mg/L 的标准储备溶液，根据需要再用正己烷配成适当浓度的标准工作溶液。放置在 0～4℃的冰箱中保存。

（3）仪器和设备

① 气相色谱仪［配电子捕获检测器（ECD）］、均质器、马弗炉、旋转蒸发仪、分析天平（感量为 0.01mg 和 0.1mg）、氮吹仪。

② 500mL 分液漏斗；1.0mL 移液管。

③ 微孔滤膜：0.22μm，有机系。

（4）测定步骤

① 提取　称取 10g 样品（精确至 0.01g）于 250mL 的三角瓶中，加入 60mL 丙酮-正己烷混合溶液，超声提取 15min，提取液经脱脂棉过滤至 250mL 分液漏斗中，用 30mL 丙酮-正己烷混合溶液，清洗三角瓶及脱脂棉合并于分液漏斗中，分液漏斗中加入 100mL 20g/L 的硫酸钠水溶液摇匀，静置分层，将下层溶液移至另一 250mL 分液漏斗中，用 20mL 的正己烷萃取两次，合并正己烷层，过无水硫酸钠层，于旋转蒸发仪上浓缩至近干，将浓缩近干的提取液用 5mL 正己烷分多次洗至 250mL 分液漏斗中，加入 50mL 正己烷饱和乙腈溶液，振荡 5min，静置分层，收集下层乙腈层，剩余的正己烷层再次加入 50mL 正己烷饱和的乙腈溶液，振荡 5min，静置分层，收集下层乙腈层，合并两次乙腈，于旋转蒸发仪上 38℃下浓缩近干，氮气吹干，正己烷定容至 2mL。

② 净化　用 20mL 正己烷淋洗弗罗里硅土净化柱，弃去淋洗液，柱面要留少量液体。将样品浓缩液移入净化柱内，用 100mL 正己烷-乙酸乙酯洗脱，收集洗脱液于蒸馏瓶中，于旋转蒸发仪上 38℃下浓缩近干，氮气吹干，用 1mL 正己烷溶解，经 0.22μm 滤膜过滤，进气相色谱仪测定。

③ 测定

a. 气相色谱条件：

（a）色谱柱：毛细管柱，DB-1707，30m×0.25mm（内径）×0.25μm，

或相当者；

  (b) 色谱柱温度：110℃（1min）$\xrightarrow{30℃/min}$260℃（18min）；

  (c) 进样口温度：260℃；

  (d) 载气：高纯氮气，纯度≥99.999%，流速1.5mL/min；

  (e) 进样量：1.0μL；

  (f) 进样方式：不分流进样。

  b. 测定：根据样品中毒杀芬含量情况，选定峰面积相近的标准工作溶液。标准工作溶液和试样中毒杀芬响应值均应在仪器线性范围内。在4.2～10.1min内采用归一化法定量。

  ④ 空白试验 除不称取样品外，按上述测定步骤进行。

  (5) 结果计算和表述

按式（2.6）计算试样中毒杀芬残留含量，空白值应从计算结果中扣除。

$$X = \frac{AcV}{A_s m} \tag{2.6}$$

  式中，X 为试样中毒杀芬残留含量，mg/kg；A 为样液中毒杀芬的峰面积之和，mm^2；c 为标准工作溶液中毒杀芬浓度，mg/mL；V 为最终样液体积，mL；A_s 为标准工作溶液中毒杀芬的峰面积之和，mm^2；m 为最终样液相当的样品质量，g。

  (6) 检测低限

本方法的测定低限为0.02mg/kg。

2.2.1.4 肉及肉制品中七氯和环氧七氯残留量测定

  (1) 原理

  试样中残留的七氯和环氧七氯用丙酮-正己烷提取，提取液经凝胶渗透色谱（GPC）去除油脂，再经固相萃取柱净化后，供气相色谱测定及气相色谱-质谱确证，外标法定量。

  (2) 试剂

  除特殊注明外，所有试剂均为分析纯，水为GB/T 6682规定的一级水。

  ① 色谱级 丙酮、正己烷、环己烷、乙酸乙酯。

  ② 无水硫酸钠 650℃灼烧4h，储于密封容器中备用。

  ③ 丙酮-正己烷（2+8，体积比） 量取20mL丙酮和80mL正己烷，混匀。

  ④ 乙酸乙酯-环己烷（1+1，体积比） 量取500mL乙酸乙酯和500mL环己烷，混匀。

⑤ 乙酸乙酯-正己烷（1+9，体积比）　量取 10mL 乙酸乙酯和 90mL 正己烷，混匀。

⑥ 标准品　七氯，环氧七氯 A 和环氧七氯 B 的纯度均≥98.0％。

⑦ 标准储备溶液　100mg/L，分别准确称取 10mg 七氯标准物质、环氧七氯 A、环氧七氯 B 于 100mL 容量瓶中，分别用正己烷溶解并定容至刻度，4℃以下避光保存，有效期为 1 年。

⑧ 标准混合溶液　分别移取适量标准储备溶液，用正己烷稀释为各组分浓度为 1mg/L 的混合标准中间溶液，4℃以下避光保存。

⑨ 固相萃取柱　Florisil 柱（1000mg，6mL，或相当者），使用前用 5mL 正己烷活化。

⑩ 微孔滤膜　0.45μm，有机系。

（3）仪器和设备

① 气相色谱质谱仪：配负化学电离源（NCI）；

② 天平（感量为 0.1mg，0.01g）；

③ 离心机（转速不低于 4000r/mm）；

④ 均质器（转速不低于 15000r/min）；

⑤ 旋涡混匀器；

⑥ 旋转蒸发仪；

⑦ 固相萃取装置；

⑧ 氮吹浓缩仪；

⑨ 凝胶渗透色谱仪（配有单元泵、馏分收集器）。

（4）试样的制备与保存

① 试样制备　取代表性样品约 1kg，取可食用部分，经捣碎机充分捣碎均匀，均分成两份，分别装入洁净容器内作为试样，密封，标明标记。

② 试样保存　试样于 -18℃冰箱内密封保存。在制样过程中，应防止样品受到污染或发生待测物残留量的变化。

（5）测定步骤

① 提取　称取 4g 试样（精确至 0.01g）于 50mL 离心管中，加入 5g 无水硫酸钠和 20mL 丙酮-正己烷，均质提取 1min，以 4000r/min 离心 5min，上清液过盛有无水硫酸钠的沙芯漏斗后收集到旋转浓缩瓶中。另取一 50mL 离心管，加入 20mL 丙酮-正己烷清洗刀头后，洗液倒入前一离心管中，涡旋提取残渣 2min，以 4000r/min 离心 5min，上清液过无水硫酸钠后合并于旋转浓缩瓶中，在 40℃下旋转蒸发至近干，加 4mL 乙酸乙酯-环己烷再浓缩至

近干，如此重复 2 次，用少量乙酸乙酯-环己烷多次洗涤并转移至 10mL 容量瓶中，定容至刻度后混匀，待净化。

② 净化

a. 凝胶渗透色谱（GPC）净化

（a）凝胶色谱条件：

ⅰ. 凝胶净化柱：Bio Beads S-X3，700mm×25mm（内径），或相当者；

ⅱ. 流动相：乙酸乙酯-环己烷（1+1，体积比）；

ⅲ. 流速：4.7mL/min；

ⅳ. 进样量：5.0mL；

ⅴ. 预淋洗时间：0～22min；

ⅵ. 收集时间：22～34min。

（b）凝胶色谱净化步骤：将 5mL 待净化液按条件进行净化，合并馏分收集器中的收集液于 150mL 浓缩瓶中，于 40℃下浓缩至近干，加入 2mL 正己烷溶解残渣，待固相萃取净化。

b. 固相萃取（SPE）净化。将待净化液转移至活化后的 Florisil 固相萃取柱上，用 12mL 乙酸乙酯-正己烷洗脱，收集全部流出液，40℃下氮气吹干后，用 1.0mL 正己烷涡旋溶解残渣，过有机相滤膜，供气相色谱测定和气相色谱-质谱确证。

③ 测定

a. 气相色谱条件：

（a）色谱柱：30m×0.32mm（内径），膜厚 0.5μm，DB-608 石英毛细管柱，或相当者；

（b）色谱柱温度：60℃保持 1min，然后以 25℃/min 程序升温至 270℃，保持 5min；

（c）进样口温度：240℃；

（d）进样方式：无分流进样；

（e）进样量：1μL；

（f）载气：氮气，纯度≥99.999%，流速 1.5mL/min；

（g）检测器：温度 300℃；尾吹气：氮气 60mL/min。

b. 气相色谱-质谱条件

（a）色谱柱：30m×0.32mm（内径），膜厚 0.5μm，DB-608 石英毛细管柱，或相当者；

（b）载气：氮气，纯度≥99.999%，流速 1.6mL/min；

（c）色谱柱温度：60℃保持1min，然后以20℃/min程序升温至180℃，保持1min，再以10℃/min程序升温至240℃，保持1min；

（d）进样口温度：250℃；

（e）进样方式：无分流进样；

（f）进样方式：无分流进样，0.75min后开阀；

（g）进样量：1μL；

（h）电离方式：NCI；

（i）色谱-质谱接口温度：280℃；

（j）反应气：甲烷气，流量需调至响应值最佳状态；

（k）离子源温度：150℃；

（l）溶剂延迟：5min；

（m）测定方式：选择离子监测方式；

（n）离子监测模式：选择监测离子（SIM），监测离子及其丰度比，见表2.7。

表2.7　选择离子和相对丰度

待测组分	七氯	环氧七氯A	环氧七氯B
选择离子（m/z）	266，300（定量），302，304	318，388（定量），390，392	318（定量），388，390，392
相对丰度/%	51：100：65：26	12：100：98：53	100：61：57：30

c. 气相色谱测定：吸取适量标准混合溶液，用正己烷稀释配制成适当浓度的标准系列工作液。以待测组分响应值为纵坐标、待测组分浓度为横坐标绘制标准曲线，采用外标法定量。根据样液中被测物含量情况，选定浓度相近的标准系列工作溶液。标准系列工作溶液和样液中被测物的仪器响应值均应在仪器检测的线性响应范围内，如果含量超过标准曲线范围，采用正己烷稀释到适当浓度后分析。在上述气相色谱条件下，七氯的保留时间约10.48min；环氧七氯A的保留时间约11.89min；环氧七氯B的保留时间约11.71min。标准溶液的色谱图参见图2.5。

d. 气相色谱质谱确证：根据样液中待测物含量情况，选定面积相近的标准工作溶液，测定标准工作溶液和样液中待测物的响应值应在仪器检测的线性范围内。在相同气相色谱-质谱条件下，试样待测液中和标准品的选择离子色谱峰在相同保留时间处出现，并且对应质谱碎片离子的质荷比与标准品一致，其相对丰度允许偏差小于20%，则可判定样品中存在对应的待测物。在上述气相色谱-质谱条件下，七氯的保留时间约11.99min，环氧七氯A的保

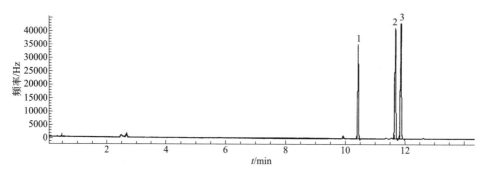

图 2.5　七氯和环氧七氯标准品气相色谱图

留时间约 13.92min，环氧七氯 B 的保留时间约 13.85min，气相色谱-质谱选择离子色谱图见图 2.6。

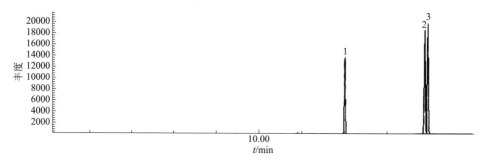

图 2.6　七氯和环氧七氯标准品质谱图

e. 空白试验：除不加试样外，按上述测定步骤进行。

（6）结果计算和表述

用色谱数据处理器或按照式（2.7）计算样品中七氯和环氧七氯残留量。

$$X_i = \frac{c_i}{m} \times V \qquad (2.7)$$

式中，X_i 为试样中七氯、环氧七氯 A 和环氧七氯 B 的残留量，mg/kg；c_i 为样液中七氯、环氧七氯 A 和环氧七氯 B 的浓度，μg/mL；V 为样液最终定容体积，mL；m 为最终样液代表的试样质量，g。

计算结果应扣除空白值。

（7）测定低限（LOQ）

本方法中七氯、环氧七氯 A 和环氧七氯 B 测定低限均为 0.01mg/kg。

2.2.2　多氯联苯含量的测定

2.2.2.1　气相色谱法测定食品中多氯联苯的含量

适用于鱼类、贝类、蛋类、肉类、奶类及其制品等动物性食品和油脂类试样中指示性 PCBs 的测定。

（1）原理

本方法以 PCB198 为定量内标，在试样中加入 PCB198，水浴加热振荡提取后，经硫酸处理、色谱柱层析净化，采用气相色谱-电子捕获检测器法测定，以保留时间定性，内标法定量。

（2）试剂和材料

① 农残级　正己烷、二氯甲烷、丙酮。

② 无水硫酸钠　优级纯。将市售无水硫酸钠装入玻璃色谱柱，依次用正己烷和二氯甲烷淋洗两次，每次使用的溶剂体积约为无水硫酸钠体积的两倍。淋洗后，将无水硫酸钠转移至烧瓶中，在 50℃下烘烤至干，并在 225℃烘烤过夜，冷却后于干燥器中保存。

③ 浓硫酸　优级纯。

④ 碱性氧化铝　色谱层析用碱性氧化铝。将市售色谱填料在 660℃下烘烤 6h，冷却后于干燥器中保存。

⑤ 标准溶液　指示性多氯联苯的系列标准溶液，见表 2.8。

表 2.8　GC-ECD 方法中指示性多氯联苯的系列标准溶液

化合物	浓度/($\mu g/L$)				
	CS1	CS2	CS3	CS4	CS5
PCB28	5	20	50	200	800
PCB52	5	20	50	200	800
PCB101	5	20	50	200	800
PCB118	5	20	50	200	800
PCB138	5	20	50	200	800
PCB153	5	20	50	200	800
PCB180	5	20	50	200	800
PCB198（定量内标）	50	50	50	50	50

（3）仪器和设备

① 气相色谱仪，配电子捕获检测器（ECD）。

② 色谱柱：DB-5ms 柱，30m×0.25mm×0.25μm 或等效色谱柱。

③ 组织匀浆器、绞肉机、旋转蒸发仪、氮气浓缩器、超声波清洗器、旋涡振荡器、分析天平、水浴振荡器、离心机、层析柱。

（4）分析步骤

① 试样提取

a. 固体试样：称取试样 5~10g（精确到 0.1g），置具塞锥形瓶中，加入定量内标 PCB198 后，以适量正己烷＋二氯甲烷（50＋50）为提取溶液，于水浴振荡器上提取 2h，水浴温度为 40℃，振荡速度为 200r/min。

b. 液体试样（不包括油脂类样品）：称取试样 10g（精确到 0.1g），置具塞离心管中，加入定量内标 PCB198 和草酸钠 0.5g，加甲醇 10mL 摇匀，加 20mL 乙醚＋正己烷（25＋75）振荡提取 20min，以 3000r/min 离心 5min，取上清液过装有 5g 无水硫酸钠的玻璃柱；残渣加 20mL 乙醚＋正己烷（25＋75）重复以上过程，合并提取液。

c. 将提取液转移到茄形瓶中，旋转蒸发浓缩至近干。如分析结果以脂肪计，则需要测定试样脂肪含量。

d. 试样脂肪的测定：浓缩前准确称取空茄形瓶重量，将溶剂浓缩至干后，再次准确称取茄形瓶及残渣重量，两次称重结果的差值即为试样的脂肪含量。

② 净化

a. 硫酸净化：将浓缩的提取液转移至 10mL 试管中，用约 5mL 正己烷洗涤茄形瓶 3~4 次，洗液并入浓缩液中，用正己烷定容至刻度，并加入 0.5mL 浓硫酸，振摇 1min，以 3000r/min 的转速离心 5min，使硫酸层和有机层分离。如果上层溶液仍然有颜色，表明脂肪未完全除去，再加入一定量的浓硫酸，重复操作。

b. 碱性氧化铝柱净化

（a）净化柱装填：玻璃柱底端加入少量玻璃棉后，从底部开始，依此装入 2.5g 经过烘烤的碱性氧化铝、2g 无水硫酸钠，用 15mL 正己烷预淋洗。

（b）净化：将浓缩液转移至层析柱上，用约 5mL 正己烷洗涤茄形瓶 3~4 次，洗液一并转移至层析柱中。当液面降至无水硫酸钠层时，加入 30mL 正己烷（2×15mL）洗脱；当液面降至无水硫酸钠层时，用 25mL 二氯甲烷＋正己烷（5＋95）洗脱。洗脱液旋转蒸发浓缩至近干。

（c）试样溶液浓缩：将试样溶液转移至进样瓶中，用少量正己烷洗茄形瓶 3~4 次，洗液并入进样瓶中，在氮气流下浓缩至 1mL，待 GC 分析。

③ 测定

a. 色谱条件

（a）色谱柱：DB-5ms 柱，30m×0.25mm×0.25μm 或等效色谱柱。

（b）进样口温度：290℃。

（c）升温程序：开始温度 90℃，保持 0.5min；以 15℃/min 升温至 200℃，保持 5min；以 2.5℃/min 升温至 250℃，保持 2min；以 20℃/min 升温至 265℃，保持 5min。

（d）载气：高纯氮气（纯度＞99.999%），柱前压 67kPa（相当于 10psi）。

（e）进样量：不分流进样 1μL。

（f）色谱分析：以保留时间定性，以试样和标准的峰高或峰面积比较定量。

b. PCBs 的定性分析：以保留时间或相对保留时间进行定性分析，所检测的 PCBs 色谱峰信噪比（S/N）大于 3。

c. PCBs 的定量测定

（a）相对响应因子（RRF）：采用内标法，以相对响应因子进行定量计算。以校正标准溶液进样，按式（2.8）计算 RRF 值：

$$RRF = \frac{A_n c_s}{A_s c_n} \qquad (2.8)$$

式中，RRF 为目标化合物对定量内标的相对响应因子；A_n 为目标化合物的峰面积，mm^2；c_s 为定量内标的浓度，$\mu g/L$；A_s 为定量内标的峰面积，mm^2；c_n 为目标化合物的浓度，$\mu g/L$。

在系列标准溶液中，各目标化合物的 RRF 值相对标准偏差（RSD）应小于 20%。

（b）按式（2.9）计算含量：

$$X_n = \frac{A_n m_s}{A_s \times RRF \times m} \qquad (2.9)$$

式中，X_n 为目标化合物的含量，$\mu g/kg$；A_n 为目标化合物的峰面积，mm^2；m_s 为试样中加入定量内标的量，ng；A_s 为定量内标的峰面积，mm^2；RRF 为目标化合物对定量内标的相对响应因子；m 为取样量，g。

（5）检测限

本方法的检测限规定为具有 3 倍信噪比、相对保留时间符合要求的响应所对应的试样浓度。计算公式：

$$DL = \frac{3N m_s}{H \times RRF \times m} \qquad (2.10)$$

式中，DL 为检测限，$\mu g/kg$；N 为噪声峰高，mm；m_s 为加入定量内标的量，ng；H 为定量内标的峰高，mm^2；RRF 为目标化合物对定量内标的相对响应因子；m 为试样量，g。

试样基质、取样量、进样量、色谱分离状况、电噪声水平以及仪器灵敏度均可能对试样检测限造成影响，因此噪声水平应从实际试样谱图中获取。当某目标化合物的结果报告未检出时应同时报告试样检测限。

2.2.2.2 气相色谱-质量选择检测器（GC-MSD）测定纺织产品中多氯联苯

（1）原理

用正己烷在超声波浴中萃取试样上可能残留的多氯联苯，用配有质量选择检测器的气相色谱仪（GC-MSD）进行测定，采用选择离子检测进行确证，外标法定量。

（2）试剂和材料

除非另有说明，所用试剂均应为分析纯。

① 正己烷。

② 多氯联苯标准溶液

a. 标准储备溶液（100mg/L）：每种多氯联苯标准物质有效浓度为100mg/L 的正己烷标准储备溶液。

b. 标准工作溶液（10mg/L）：从标准储备溶液中取 1mL 置于容量瓶中，用正己烷定容至 10mL。可根据需要配制成其他合适的浓度。

注：标准溶液在 4℃下避光保存，储备溶液有效期为一年，工作溶液有效期为 3 个月。

（3）仪器与设备

① 气相色谱仪：配有质量选择检测器（MSD）。

② 超声波发生器：工作频率 40kHz。

③ 提取器：由硬质玻璃制成，具磨口塞或带旋盖，50mL。

④ 0.45μm 有机相针式过滤器。

⑤ 真空旋转蒸发器。

（4）分析步骤

① 萃取液的制备　取有代表性的样品，剪碎至 5mm×5mm 以下，混匀。从混合样中称取 2g 试样，精确至 0.01g，置于提取器中。准确加入 20mL 正己烷于提取器中，置于超声波发生器中提取 15min，将提取液转移到另一提取器中，残渣分两次重复上述步骤在超声波浴中提取，合并提取液于圆底烧瓶中。将上述收集的盛有正己烷提取液的圆底烧瓶置于真空旋转蒸发器上，于 40℃左右低真空下浓缩至近 1mL 后，用氮气吹至近干，再用正己烷溶解并定容至 1.0mL，作为样液供气相色谱-质谱测定。

② 测定

a. 气相色谱-质谱条件。由于测试结果取决于所使用的仪器，因此不可能给出色谱分析的普遍参数。采用以下参数已被证明对测试是合适的：

（a）色谱柱：HP-5MS 30m×0.25mm×0.50μm，或相当者；

（b）柱温：120℃ （0.5min） $\xrightarrow{10℃/min}$ 200℃ （2min） $\xrightarrow{20℃/min}$ 280℃ （15min）；

（c）进样口温度：270℃；

（d）色谱-质谱接口温度：280℃；

（e）载气：氦气，纯度≥99.999％，1.0mL/min；

（f）电离方式：EI；

（g）电离能量：70 eV；

（h）测定方式：选择离子监测方式；

（i）进样方式：无分流进样；

（j）进样体积：1μL。

b. 气相色谱-质谱测定。分别取样液和标准工作溶液等体积穿插进样测定，通过比较试样与标准物色谱峰的保留时间和质谱选择离子（SIM-MS）进行定性，通过外标法定量。采用上述分析条件时，多氯联苯的 GC-MS 定性选择特征碎片离子见表 2.9。多氯联苯标准物总离子流图和相对保留时间见图 2.7。

表 2.9　多氯联苯的 GC-MS 方法的特征碎片离子表

序号	多氯联苯名称	化学文摘编号（CAS No.）	特征碎片离子（原子量）	
			特征离子	目标离子
1	4--氯联苯	2051-62-9	188,152,76	188
2	2,4-二氯联苯	234883-43-7	222,152,75	222
3	2,4',5-三氯联苯	16606-02-3	256,186,75	256
4	2,2',5-三氯联苯	37680-65-2	256,221,186	256
5	2,4,5-三氯联苯	15862-07-4	256,221,186	256
6	2,4,4'-三氯联苯	7012-37-5	256,221,186	256
7	2,2',3,5'-四氯联苯	41464-39-5	292,256,220	290
8	2,2',5,5'-四氯联苯	35693-99-3	292,256,220	290
9	2,2',4,6-四氯联苯	62796-65-0	292,256,220	290

序号	多氯联苯名称	化学文摘编号 （CAS No.）	特征碎片离子（原子量）	
			特征离子	目标离子
10	2,2′,4,4′,5-五氯联苯	31508-00-6	326,254,184	324
11	2,2′,4,5,5′-五氯联苯	37680-73-2	326,254,184	324
12	2,2′,4,4′,5,5′-六氯联苯	35065-27-1	360,290,145	358
13	2,2′,3,4′,5′,6-六氯联苯	38380-04-0	360,290,145	358
14	2,2′,3,4,4′,5′-六氯联苯	35065-28-2	360,290,145	358
15	2,2′,3,4,4′,5,5′-七氯联苯	35065-29-3	396,324,252	392
16	2,2′,3,3′,4,4′,5,5′-八氯联苯	35694-08-7	430,358,288	426
17	2,2′,3,3′,4,4′,5,5′,6-九氯联苯	40186-72-9	464,394,322	460
18	2,2′,3,3′,4,4′,5,5′,6,6′-十氯联苯	2051-24-3	498,428,356	494

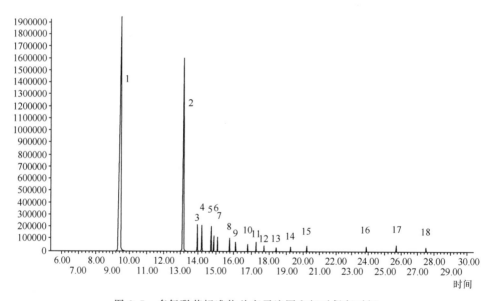

图 2.7　多氯联苯标准物总离子流图和相对保留时间

1—4-一氯联苯（9.48min）；2—2,4-二氯联苯（12.96min）；3—2,4′,5-三氯联苯（13.72min）；4—2,2′,5-三氯联苯（13.95min）；5—2,4,5-三氯联苯（14.47min）；6—2,4,4′-三氯联苯（14.61min）；7—2,2′,3,5′-四氯联苯（14.82min）；8—2,2′,5,5′-四氯联苯（15.48min）；9—2,2′,4,6-四氯联苯（15.82min）；10—2,2′,4,4′,5-五氯联苯（16.49min）；11—2,2′,4,5,5′-五氯联苯（16.96min）；12—2,2′,4,4′,5,5′-六氯联苯（17.40min）；13—2,2′,3,4′,5′,6-六氯联苯（18.07min）；14—2,2′,3,4,4′,5′-六氯联苯（18.90min）；15—2,2′,3,4,4′,5,5′-七氯联苯（19.85min）；16—2,2′,3,3′,4,4′,5,5′-八氯联苯（23.49min）；17—2,2′,3,3′,4,4′,5,5′,6-九氯联苯（25.51min）；18—2,2′,3,3′,4,4′,5,5′,6,6′-十氯联苯（27.45min）

（5）结果计算

样品中各个多氯联苯含量 X_i，按式（2.11）计算，计算结果表示到小数点后两位。

$$X_i = \frac{A_i c_{is} V}{A_{is} m} \tag{2.11}$$

式中，X_i 为试样中多氯联苯 i 的含量，mg/kg；A_i 为试样中多氯联苯 i 的峰面积，mm^2；A_{is} 为标准工作溶液中多氯联苯 i 的峰面积；c_{is} 为标准工作溶液中多氯联苯 i 的浓度，mg/L；V 为样液的定容体积，mL；m 为试样的质量，g。

测定结果以各种多氯联苯的总和表示，结果表示到小数点后两位。

（6）测定低限

本方法测定低限为 0.05mg/kg。

2.2.2.3 气相色谱-质谱法测定进出口动物源性食品中六六六、滴滴涕和六氯苯的残留量

适用于鸡蛋、牛奶、芝士粉、鸡肝、鸡腿肉、牛肉、河虾、蜂王浆和蜂蜜等食品中六六六、滴滴涕和六氯苯残留量的测定和确证。

（1）原理

试样经正己烷或丙酮溶剂提取，磺化法净化，气相色谱-负化学离子源质谱法进行测定与确证，外标法定量。

（2）试剂和材料

除另有规定外，所用试剂均为分析纯，水为蒸馏水。

① 色谱纯 正己烷、丙酮。

② 浓硫酸。

③ 无水硫酸钠：经 650℃灼烧 4h，置于密闭容器中备用。

④ 氯化钠。

⑤ 硫酸钠水溶液（20g/L） 将 20g 无水硫酸钠溶于 1000mL 蒸馏水中。

⑥ 农药标准品 六六六（α-BHC，CAS 编号 319-84-6；β-BHC，CAS 编号：319-85-7；γ-BHC，CAS 编号：58-89-9；δ-BHC，CAS 编号：319-86-8）、滴滴涕（p,p'-滴滴滴，p,p'-DDD，CAS 编号：1022-22-6；p,p-滴滴伊，p,p'-DDE，CAS 编号：72-55-9；o,p'-滴滴涕，o,p'-DDT，CAS 编号：789-02-6 和 p,p'-滴滴涕 p,p'-DDT，CAS 编号：50-29-3）和六氯苯（hexachlorobenzene，CAS 编号：118-74-1）标准物质：纯度≥98%。

⑦ 各农药标准储备溶液 分别准确称取适量的农药标准品，用丙酮稀释配制成 100μg/mL 的标准储备液，4℃下保存（有效期为 6 个月）。

⑧ 农药混合标准工作液　根据需要，分别量取上述各标准储备液于同一容量瓶中，用正己烷稀释到刻度，配制成适当浓度的标准工作溶液，4℃下保存（有效期为 3 周）。

⑨ 微孔滤膜　0.45μm，有机相。

（3）仪器和设备

① 气相色谱-质谱仪：配置负化学离子源（NCI）。

② 分析天平（感量为 0.1mg 和 0.01g）、旋转蒸发器、组织捣碎机、搅碎机、均质器、振荡器、离心机（最大转速为 5000r/min）、涡旋器。

（4）试样制备与保存

① 试样制备

a. 鸡肝、鸡腿肉、牛肉、鲖鱼或河虾：取代表性样品 500g，将其切碎后，依次用绞碎机将样品绞碎，混匀，均分成两份，分装入洁净容器内，密封并标明标记。

b. 鸡蛋、芝士粉、牛奶、蜂王浆和蜂蜜：将样品搅拌均匀，分出 500g 作为试样。制备好的试样均分成两份，分别装入样品瓶中，密封，并标明标记。鸡蛋样品制备时应去壳。对无结晶的蜂蜜样品将其搅拌均匀；对有结晶析出的蜂蜜样品，在密闭情况下，将样品瓶置于不超过 60℃的水浴中温热，振荡，待样品全部融化后搅匀，迅速冷却至室温，在融化时应注意防止水分挥发。

② 试样的保存　牛奶、芝士粉和蜂蜜于 0～4℃保存；鸡蛋、鸡肝、鸡腿肉、牛肉、鲖鱼、河虾和蜂王浆等试样于−18℃以下冷冻保存。在制样的操作过程中，应防止样品受到污染或发生残留物含量的变化。

（5）测定步骤

① 提取

a. 牛奶、鸡蛋、蜂蜜和蜂王浆等液态或半液态试样：称取 5g 试样（精确至 0.01g）于 50mL 的离心管中，（分析蜂蜜和蜂王浆时应加入 3mL 水溶解或稀释混匀）加 10mL 二丙酮，加入 6g 氯化钠和 20mL 正己烷，加盖涡旋 30s，超声 15min，2000r/min 离心 5min，移取上清液于 125mL 分液漏斗中，用 20mL 正己烷按照上述步骤重复提取一次，合并提取液，待净化。

b. 鸡肝、鸡腿肉、牛肉、鲖鱼、河虾和芝士粉等固态试样：称取 5g 试样（精确至 0.01g）于 250mL 的具塞锥形瓶中，加入 30mL 正己烷，加入 20g 无水硫酸钠振荡提取 40min 或静置过夜，过滤于 125mL 分液漏斗中，再加入 20mL 正己烷重复提取一次，合并提取液，待净化。

② 磺化净化 加5mL浓硫酸于有提取液的分液漏斗内，轻轻地振摇。静置分层后，弃去酸液层。再按上述操作重复净化2次至酸液呈无色或淡黄色。静置分层后，弃去酸液。然后用硫酸钠水溶液50mL洗涤提取溶液，振摇1min，静置分层。弃去水层，再重复洗涤一次。然后将有机相通过无水硫酸钠柱脱水，收集于150mL平底烧瓶内，40℃下旋转蒸发至干，准确加入1mL正己烷，待测定。

③ 测定

a. 气相色谱-质谱条件：

（a）色谱柱：DB-17ms毛细管柱，30m×0.25mm（内径），膜厚25μm，或相当者；

（b）色谱柱温度：100℃ $\xrightarrow{30℃/min}$ 210℃ $\xrightarrow{15℃/min}$ 300℃（4.33min）；

（c）进样口温度：300℃；

（d）色谱-质谱接口温度：250℃；

（e）载气：氦气，纯度≥99.999%；流速，1.0mL/min；

（f）进样量：1μL；

（g）进样方式：不分流进样，1.5min后开阀；

（h）电离方式：NCI；

（i）离子源温度：150℃；

（j）电子能量：70eV；

（k）反应气：甲烷，纯度≥99.99%，反应气流速：2mL/min；

（l）检测方式：分时段选择离子监测方式（SIM），见表2.10；

（m）统计延迟时间：4.50min。

表2.10 目标农药的保留时间（窗口）和监测离子

农药	时间窗口/min	保留时间/min	STM监测离子
六氯苯		5.16	250，282，284[a]，286
α-666		5.29	
γ-666	4.50~7.00	5.73	
β-666		5.95	253，255[a]，257，325
δ-666		6.31	
p,p'-DDE		7.74	281，316，318[a]，320
o,p'-DDT	7.00~END	8.40	35，246[a]，248，281
p,p'-DDD		8.46	248，250，318[a]，320
p,p'-DDT		8.81	35，248，281[a]，283

注：a为待测物的定量离子。

b. 气相色谱-质谱检测及确证：标准工作溶液和样液中待测农药的响应值均应在仪器的线性范围内。进行样品测定时，如果检出的质量色谱峰保留时间与标准样品一致，并且在扣除背景后的样品谱图中，各定性离子的相对丰度与浓度接近的同样条件下得到的标准溶液谱图相比，最大允许相对偏差不超过表 2.11 中规定的范围，则可判断样品中存在对应的被测农药。在上述色谱条件下，每种农药的保留时间参见表 2.11，混合标准溶液的气相色谱-质谱总离子流色谱图参见图 2.8。

表 2.11　使用定性气相色谱-质谱时相对离子丰度最大容许误差

相对离子丰度/%	>50	>20~50	>10~20	≤10
允许的相对偏差/%	±20	±25	±30	±50

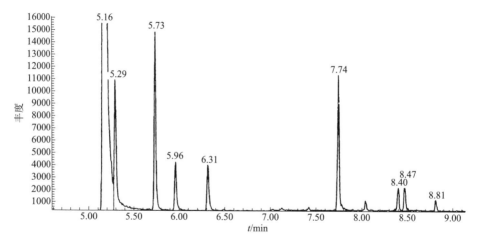

图 2.8　混合标准溶液 GC-MSD/NCI 总离子流色谱图

④ 空白试验　除不加试样外，均按上述测定步骤进行。

（6）结果计算和表述

用色谱数据处理机或按式（2.12）计算试样中待测农药的残留量：

$$X_i = \frac{A_{xi} c_{si} V_x}{A_{si} m} \tag{2.12}$$

式中，X_i 为试样中待测农药残留量的含量，mg/kg；A_{xi} 为样液中待测农药定量离子的峰面积，mm^2；c_{si} 为标准工作液中待测农药的浓度，μg/mL；V_x 为样液最后定容体积，mL；A_{si} 为标准工作液中待测农药定量离子的峰面积，m^2；m 为最终样液所代表的试样质量，g。

计算结果需将空白值扣除。

（7）测定低限和回收率

① 测定低限　本方法各种基质的六六六、滴滴涕和六氯苯检测限和定量限均分别为 0.002mg/kg 和 0.010mg/kg。

② 回收率　不同基质中添加浓度水平下的回收率范围参见表 2.12。

表 2.12　三个添加水平下食品中农药的回收率

样品名称	0.01mg/kg	0.02mg/kg	0.04mg/kg
鸡蛋	103.7～120.0	96.3～110.9	94.4～120.3
牛奶	77.2～100.8	97.4～111.9	93.9～111.4
芝士粉	82.2～113.7	87.3～113.9	94.8～114.5
鸡肝	86.0～104.2	86.1～107.5	89.4～109.7
鸡腿肉	91.3～105.8	86.1～94.3	88.3～110.6
牛肉	82.7～93.8	83.3～94.0	88.6～99.6
鲷鱼	96.2～112.0	95.8～112.3	98.1～115.5
河虾	73.5～97.2	87.6～110.1	88.8～113.7
蜂王浆	81.7～103.7	74.8～102.6	79.5～104.3
蜂蜜	105.0～112.0	90.0～110.1	90.9～108.1

2.2.3　其他 POPs 的检测

2.2.3.1　塑料制品中二噁英的测定

气相色谱-高分辨磁质谱法适用于 ABS 塑料制品中二噁英含量的测定。

（1）原理

样品采用甲苯索氏提取，通过凝胶渗透色谱法去除高分子聚合物，再过硅胶柱、氧化铝柱和炭柱净化后浓缩，以气相色谱-高分辨磁质谱电压选择离子检测模式对样品中的二噁英进行定性分析，同位素稀释法定量。

（2）试剂和材料

① 农残级　二氯甲烷、正己烷、甲苯、壬烷、甲醇、丙酮、乙酸乙酯、无水硫酸钠。

② 二噁英的内标溶液（EPA-1613 LCS）　包括 15 种 ^{13}C 标记二噁英，浓度为 100μg/L（^{13}C-OCDD 浓度为 200μg/L，纯度不小于 98%）。

③ 进样内标溶液（EPA-1613 ISS）　浓度为 200μg/L（纯度不小于 98%）。

④ 校正标准溶液　包括 EPA21613CS1，EPA21613CS2，EPA21613CS3，EPA21613CS4，EPA21613CS5（纯度不小于 98%）。

⑤ 凝胶渗透色谱标准品　包括玉米油（comoil）、邻苯二甲酸二异辛酯（DHEP）、甲氧氯（methoxychlor）、二萘嵌苯（perylene）、硫（sulphur）。

⑥ 液氮。

⑦ 硅藻土（10～40目）。

⑧ 硅胶（100～200目）。

⑨ 硅胶柱（HCDSABN型）。

⑩ 氧化铝柱（CCDABBS型）。

⑪ 炭柱（CUXCCG型）。

⑫ 凝胶渗透色谱柱 （600～700)mm×25mm（内径）；填料：70g，SX-3 Bio-beads或等效。

（3）仪器和设备

① 高分辨磁质谱仪：分辨率在分析检测中可稳定地维持在10000以上，配有气相色谱仪和自动进样器。

② 索氏提取装置，配250mL圆底烧瓶。

③ 凝胶渗透色谱仪（GPC）。

④ 流体控制系统、旋转蒸发仪、氮吹浓缩仪、分析天平（感量0.1mg）、旋涡混匀器、100μL微量进样瓶。

（4）样品制备和保存

液氮条件下冷冻粉碎样品，均匀混合后在常温下密封保存。

（5）分析步骤

① 提取　准确称取试样2g（精确至0.001g），转移至滤纸套筒内，加入约3g硅藻土充分混匀，加入10mL内标溶液后转移至索氏提取管内，静置平衡1h以上，然后加入150mL甲苯提取12h。

② 净化　将索氏提取瓶中的提取液加入1mL壬烷，45℃水浴旋转蒸发到1mL，加入约5mL二氯甲烷和15g硅胶，充分反应后，用无水硫酸钠过滤，滤液浓缩至10mL备用。将浓缩的样液通过凝胶渗透色谱柱，并用125mL二氯甲烷洗脱，收集洗脱液，浓缩至近干后，加入10mL正己烷，转移至流体控制系统的进样管中，在流体控制系统上依次过硅胶柱、氧化铝柱和碳柱。收集流体控制系统的洗脱液于浓缩瓶中，浓缩至约0.5mL，分次转移至100mL微量样品瓶中，用正己烷洗涤浓缩瓶，在细小的氮气流下将微量样品瓶中样液浓缩至近干，加入10mL壬烷和5μL进样内标溶液涡旋混匀，待测定。

③ 测定

a. 气相色谱条件。使用的仪器不同，最佳分析条件也可能不同，因此不可能给出气相色谱的通用参数。设定的参数应保证色谱测定时被测组分与其他组分能够得到有效的分离。以下给出的参数已被证明是可行的。

(a) 色谱柱：DB-5MS [60m×0.25mm（内径），0.25μm] 或等效；

(b) 程序升温条件：初始温度 100℃，以 30℃/min 升温至 210℃，再以 2℃/min 升温至 290℃，最后以 10℃/min 升温至 330℃；

(c) 进样口温度：270℃；

(d) 进样方式：不分流进样；

(e) 进样量：1μL；

(f) 传输线温度：290℃；

(g) 载气流：1.0mL/min。

b. 质谱条件。

(a) 电离方式：EI 源；

(b) 电子能量：35eV；

(c) 离子源温度：290℃；

(d) trap 电流：600mA；

(e) 光电倍增器电压：320 V；

(f) 采集方式：电压选择离子检测模式（VSIR）；

(g) 分辨率：PFK，质核比（m/z）为 292.9824，调仪器分辨率＞10000（10% 峰谷定义）。

c. 测定。按照条件设定气相色谱和质谱条件，待仪器稳定后，对校正标准溶液和待测样品进行测定，同位素稀释法定量。

d. 空白测定。在每批样品测定时均添加一个空白基质做对照，所有空白样品中二噁英均应未检出。

(6) 结果计算及表述

① 响应因子的计算　标准溶液中的响应因子按式（2.13）计算：

$$RR_i = \frac{(A1_{ns} + A2_{ns})c_{is}}{(A1_{is} + A2_{is})c_{ns}} \tag{2.13}$$

式中，RR_i 为二噁英与其对应的同位素内标的响应因子；$A1_{ns}$ 和 $A2_{ns}$ 为标准品中二噁英第一和第二质核比（m/z）碎片的峰面积；$A1_{is}$ 和 $A2_{is}$ 为标准品中二噁英同位素内标第一和第二质核比（m/z）碎片的峰面积；c_{is} 为标准品中二噁英同位素内标的浓度，ng/μL；c_{ns} 为标准品中二噁英的浓度，pg/μL。

② 二噁英含量的计算　样品中二噁英的含量按式（2.14）计算：

$$c_i = \frac{(A1_n + A2_n)c_i}{(A1_i + A2_i)RR} \times \frac{V_{ex}}{W} \tag{2.14}$$

式中，c_i 为样品中二噁英的含量，ng/g；$A1_n$ 和 $A2_n$ 为样品中二噁英第一和第二质核比（m/z）碎片的峰面积；$A1_i$ 和 $A2_i$ 为样品中二噁英同位素内标第一和第二质核比（m/z）碎片的峰面积；c_i 为样液中二噁英同位素内标的浓度，pg/μL；RR 为样液中二噁英同位素内标的响应因子；V_{ex} 为样液最终定容体积，L；W 为试样量，g。

2.2.3.2 食品中二噁英及其类似物毒性当量的测定

适用于食品中 17 种 2,3,7,8-多氯代二苯并二噁英及多氯代二苯并呋喃（PCDD/Fs）和 12 种 DL-PCBs 含量及其 TEQ 的测定。

（1）原理

应用高分辨气相色谱-高分辨质谱联用技术，在质谱分辨率大于 10000 的条件下，通过精确质量测量监测目标化合物的两个离子，获得目标化合物的特异性响应。以目标化合物的同位素标记化合物为定量内标，采用稳定性同位素稀释法准确测定食品中 2,3,7,8 位氯取代的 PCDD/Fs 和 DL-PCBs 的含量；并以各目标化合物的毒性当量因子（TEF）与所测得的含量相乘后累加，得到样品中二噁英及其类似物的毒性当量（TEQ）。

（2）试剂和材料

① 有机溶剂　均为农残级，浓缩 10000 倍后不得检出二噁英及其类似物。包括丙酮（C_3H_6O）、正己烷（C_6H_{14}）、甲苯（C_7H_8）、环己烷（C_6H_{12}）、二氯甲烷（CH_2Cl_2）、乙醚（$C_4H_{10}O$）、甲醇（CH_3OH）、正壬烷（C_9H_{20}）、异辛烷（C_8H_{18}）、乙酸乙酯（$CH_3COOCH_2CH_3$）、乙醇（CH_3CH_2OH）。

② 标准溶液

a. PCDD/Fs 标准溶液：推荐使用 EPA1613-1997 规定的标准溶液，各实验室可根据具体情况选用相当的标准品。如果需要制备储备溶液，应该在通风橱中进行，并且戴上防毒面罩。

（a）校正和时间窗口确定的标准溶液（CS3WT 溶液）：用壬烷配制，为含有天然和同位素标记 PCDD/Fs（定量内标、净化标准和回收率内标）的溶液，用于方法的校正和确证，并可以用于 DB5 MS 毛细管柱（或等效柱）时间窗口确定和 2,3,7,8-TCDD 分离度的检查。

（b）净化标准溶液：用壬烷配制的 $^{37}Cl_4$-2,3,7,8-TCDD 溶液（浓度为 $40\mu g/L \pm 2\mu g/L$）。

（c）同位素标记定量内标的储备溶液：用壬烷配制的 $^{13}C_{12}$-PCDD/Fs 溶液。

（d）回收率内标标准溶液：用壬烷配制的 $^{13}C_{12}$-1,2,3,4-TCDD 和 $^{13}C_{12}$-

1,2,3,7,8,9-HxCDD 溶液。

（e）精密度和回收率检查标准溶液（PAR）：用壬烷配制的含天然 PCDD/Fs 溶液，用于方法建立时的初始精密度和回收率试验（IPR）及过程精密度和回收率试验（OPR）。

（f）保留时间窗口确定的标准溶液（TDTFWD）：用于确定规定毛细管柱中四氯至八氯取代化合物出峰顺序，同时用于检查在规定的色谱柱中 2,3,7,8-TCDD 和 2,3,7,8-TCDF 的分离度。

（g）校正标准溶液：为含有天然和同位素标记的 PCDD/Fs 系列校正溶液，其中 CSL 为浓度更低的天然 PCDD/Fs 校正溶液，用于质谱系统校正。测定校正标准溶液，可以获得天然与标记 PCDD/Fs 的相对响应因子（RRF）。此外，CS3 用于已建立 RRF 的日常校正和校正曲线校验（VER）；CS1 用于检查 HRGC-HRMS 必须具备的灵敏度。由于食品要求的灵敏度更低，可以使用 CSL 进行灵敏度检查。

b. DL-PCBs 标准溶液：

（a）时间窗口确定和定量内标标准溶液：用壬烷配制的含同位素标记 DL-PCBs 的溶液。

（b）同位素标记的净化内标标准溶液：用壬烷配制含 $^{13}C_{12}$-2,4,4'-Tr-PCB、$^{13}C_{12}$-2,3,3',5,5'-PePCB 和 $^{13}C_{12}$-2,2',3,3',5,5',6-HPCB 溶液。

（c）同位素标记的回收率内标标准溶液：用壬烷配制含 $^{13}C_{12}$-2,2',5,5'-TePCB、$^{13}C_{12}$-2,2',4',5,5'-PePCB、$^{13}C_{12}$-2,2',3',4,4',5'-HxPCB 和 $^{13}C_{12}$-2,2',3,3',4,4',5,5'-OctaPCB 溶液。

（d）精密度和回收率检查标准溶液（PAR）：用壬烷配制的含天然 DL-PCBs 溶液，用于方法建立时的初始精密度和回收率试验（IPR）及过程精密度和回收率试验（OPR）。

（e）校正标准溶液：为含有天然（目标化合物）和同位素标记（定量内标、净化标准和回收率内标）的 DL-PCBs 系列校正溶液。其中 CS3 用于已建立 RRF 的日常校正和校正曲线校验（VER），CS1 用于检查 HRGC-HRMS 必须具备的灵敏度。

（f）高灵敏度检查的标准溶液：为天然 DL-PCBs 的溶液（浓度 0.2μg/L）。

（g）校正检查的标准溶液：浓度相当于 CS3，不含同位素标记，仅为天然 DL-PCBs 的溶液（50μg/L）。

③ 样品净化用吸附剂　样品净化用吸附剂应在制备后尽快使用，如果经过一段较长时间的保存，应检验其活性。在装有氧化铝和硅胶等容器上应标

识其制备日期或开封日期。如果标识不可辨认，应废弃吸附剂，重新制备。由于存在 PCBs 污染问题，有时适合于 PCDD/Fs 测定的试剂不一定适合 DL-PCBs 的测定，应该经过检查证实没有干扰后使用。

a. 氧化铝　如果内标化合物的回收率能达到要求，则可在酸性氧化铝或碱性氧化铝中选择一种用于样品提取液净化。但所有样品，包括初始精确度和回收率检查试验，均应使用同样类型的氧化铝。

（a）酸性氧化铝：在 130℃下至少加热活化 12h。

（b）碱性氧化铝：在 600℃下至少加热活化 24h。加热温度不能超过 700℃，否则其吸附能力降低。活化后保存在 130℃的密闭烧瓶中，应在烘烤后五天内使用。

b. 硅胶：规格为 $75\sim250\mu m$ 或相当等级的硅胶。

（a）活性硅胶：使用前，取硅胶分别用甲醇、二氯甲烷清洗，在 180℃下至少烘烤 1h 或 150℃下至少烘烤 4h（最多 6h）。在干燥器中冷却，保存在带螺帽密封的玻璃瓶中。

（b）酸化硅胶（44%，质量分数）：称取 56g 活性硅胶置于 250mL 具塞磨口旋转烧瓶中，在玻璃棒搅拌下加入 44g 硫酸，将烧瓶用旋转蒸发器旋转 $1\sim2h$，使之混合均匀无结块，置于干燥器内，可保存 3 周。

（c）碱化硅胶（33%，质量分数）：称取 100g 活性硅胶置于 250mL 具塞磨口旋转烧瓶中，在玻璃棒搅拌下逐滴加入 49g NaOH 溶液（1mol/L），将烧瓶用旋转蒸发器旋转 $1\sim2h$，使之混合均匀无结块。将碱化硅胶置于干燥器内保存。

（d）硝酸银硅胶：称取 10g 硝酸银置于 100mL 烧杯中，加水 40mL 溶解。将该溶液转移至 250mL 旋转烧瓶中，慢慢加入 90g 活性硅胶，在旋转蒸发器中旋转 $1\sim2h$，使之干燥并混合均匀。取出后，在干燥器中冷却，置于褐色玻璃瓶内保存。

c. 弗罗里土：规格为 $150\sim250\mu m$。使用前，称取 500g，装入索氏提取器中，用适量正己烷：二氯甲烷＝1∶1（体积比），提取 24h。

含水 1%（质量分数）的弗罗里土：称取弗罗里土 99.0g，加水 1.0mL，搅拌均匀，用带聚氟乙烯螺帽的玻璃瓶封装。

d. 混合活性炭：称取 9.0g Carbopak C（推荐使用 Supelco 1-0258，或其他相当的类型）和 41.0g Celite 545（推荐使用 Supelco 2-0199，或其他相当的类型），充分混合，含活性炭为 18%（质量分数）。在 130℃中至少活化 6h，在干燥器中保存。

④ 其他材料

a. 优级纯：无水硫酸钠、硫酸、氢氧化钠、硝酸银、草酸钠。

b. 玻璃棉：使用前以二氯甲烷及正己烷回流48h，用氮气吹干后，置于棕色瓶内备用。

c. 凝胶色谱填料：Bio-Beads S-X3，38～75μm。

d. 硅藻土（选用）：加速溶剂萃取用。

⑤ 参考基质 玉米油或其他植物油。基质中未检出PCDD/Fs和DL-PCBs为最理想的情况。由于环境中PCBs的广泛存在，植物油中可能存在背景水平的PCBs，作为基质时要求其背景水平不得超过检测限的值。

（3）仪器和设备

① 分辨气相色谱-高分辨质谱仪（HRGC-HRMS）。

② 气相色谱柱，不同的目标物应选用不同的气相色谱柱。

③ 绞肉机、冻干机、旋转蒸发器、氮气浓缩器、超声波清洗器、振荡器、索氏提取器。

④ 天平：感量为0.1mg。

⑤ 恒温干燥箱：用于烘烤和储存吸附剂，能够在105～250℃范围内保持恒温。

⑥ 玻璃层析柱：带聚四氟乙烯柱塞，150mm×8mm，300mm×5mm。

⑦ 全自动样品净化系统（选用）：配备酸碱复合硅胶柱、氧化铝柱和活性炭净化柱。

⑧ 凝胶色谱系统（GPC）（选用，手动或自动系统）：玻璃柱（内径15～20mm），内装50g S-X3凝胶。

⑨ 高效液相色谱仪（HPLC）（选用）：包括泵、自动进样器、六通转换阀、检测器和馏分收集器，配备Hypercarb（100mm×6mm，5μm）或相当色谱柱。

⑩ 加速溶剂萃取仪（选用）。

（4）试样制备与净化

① 样品采集与保存

a. 现场采集的样品用避光材料如铝箔、棕色玻璃瓶等包装，置冷冻箱中运输到实验室，−10℃以下低温保存。

b. 液体或固体样品，如鱼、肉、蛋、奶等经过匀浆使其匀质化后可使用冷冻干燥或无水硫酸钠干燥，混匀。油脂类样品可直接用正己烷溶解后进行净化分离。

② 试样制备　溶剂和提取液的旋转蒸发浓缩：连接旋转蒸发器，将水浴锅预热至45℃。在试验开始前，预先将100mL正己烷：二氯甲烷＝1∶1（体积比）作为提取溶剂浓缩，以清洗整个旋转蒸发仪系统。如有必要，对经浓缩后的溶剂以及收集瓶中的溶剂进行检验，以便对污染状况进行检查。在两个浓缩样品之间，分三次用2～3mL溶剂洗涤旋转蒸发仪接口，用烧杯收集废液。将装有样品提取液的茄形瓶连接到旋转蒸发器上，缓慢抽真空。将茄形瓶降至水浴锅中，调节转速和水浴的温度（或真空度），使浓缩在15～20min内完成。在正确的浓缩速度下，流入废液收集瓶中的溶剂流量应保持稳定，溶剂不能有爆沸或可见的沸腾现象发生。

当茄形瓶中溶剂约为2mL时，将茄形瓶从水浴锅中移开，停止旋转。缓慢并小心地向旋转蒸发仪中放气，确保打开阀门时不要太快，以免样品冲出茄形瓶。用2mL溶剂洗涤接口，用烧杯收集废液。

③ 试样净化

a. 酸化硅胶净化：在浓缩的样品提取液中加入100mL正己烷，并加入50g酸化硅胶，用旋转蒸发仪在70℃条件下旋转加热20min。静置8～10min后，将正己烷倒入茄形瓶中。用50mL正己烷洗瓶中硅胶，收集正己烷于茄形瓶中，重复3次。用旋转蒸发仪浓缩至2～5mL。如果酸化硅胶的颜色较深，则应重复上述过程，直至酸化硅胶为浅黄色。

b. 混合硅胶柱净化

（a）层析柱的填充：取内径为15mm的玻璃柱，底部填以玻璃棉后，依次装入2g活性硅胶、5g碱性硅胶、2g活性硅胶、10g酸化硅胶、2g活性硅胶、5g硝酸银硅胶、2g活性硅胶和2g无水硫酸钠。干法装柱，轻敲层析柱，使其分布均匀。

（b）用150mL正己烷预淋洗层析柱。当液面降至无水硫酸钠层上方约2mm时，关闭柱阀，弃去淋洗液，柱下放一茄形瓶。检查层析柱，如果出现沟流现象应重新装柱。将已浓缩的提取液加入柱中，打开柱阀使液面下降，当液面降至无水硫酸钠层时，关闭柱阀。用5mL的正己烷洗涤原茄形瓶2次，将洗涤液一并加入柱中，打开柱阀，使液面降至无水硫酸钠层。如果仅测定PCDD/Fs，则用350mL正己烷洗脱；如果同时测定PCDD/Fs和DL-PCBs，则用400mL正己烷洗脱，收集洗脱液。

（c）将收集在茄形瓶中的洗脱液用旋转蒸发仪浓缩至3～5mL，供下一步净化用。

④ 微量浓缩与溶剂交换　将浓缩的提取液转移到带聚四氟乙烯硅胶垫的

棕色螺口瓶中，置于氮气浓缩器下吹氮浓缩（可在45℃的控温条件下进行）。气流过大会引起样品损失，氮气流速调节到能够使溶剂表面轻微振动。

如果需要称重，有必要将提取物用氮气吹至恒重。如果属于提取液净化溶剂更换，按以下步骤操作。

a. 如果采用凝胶色谱系统（GPC）净化，需在凝胶色谱系统进样前用二氯甲烷将提取液体积调至5.0mL。如果用HPLC净化，则需在HPLC进样前将提取液浓缩至1.0mL。

b. 如果用层析柱（硅胶、活性炭或弗罗里土）进行净化，则需将提取物溶剂换成正己烷，并定容至1.0mL。

净化后的微量浓缩与溶剂交换：如果提取液浓缩后用于HRGC/HRMS分析，则将净化分离后得到的各馏分分别用旋转蒸发仪浓缩至3～5mL，再在氮气下浓缩至1～2mL，然后在氮气流下定量转移至装有0.2mL的锥形衬管的进样瓶中，并用正己烷洗涤浓缩蒸馏瓶，一并转入锥形衬管中。待浓缩至约100μL，分别加入适量PCDDs/Fs和DL-PCBs回收率内标溶液，壬烷（可用辛烷代替）定容。继续在细小的氮气流下浓缩至溶剂只含壬烷或辛烷。样品溶液的最终体积可根据情况调整，大约为20μL。将进样瓶密封，并标记样品编号。室温下暗处保存，供HRGC/HRMS分析用。如果样品当日不进行HRGC/HRMS分析，则于＜－10℃下保存。

（5）PCDD/Fs色质分析

① HRGC/HRMS条件

a. GC的色谱条件：推荐筛选色谱柱为DB-5ms柱或等效柱，柱长60m、内径0.25mm、液膜厚度0.25μm；对于2,3,7,8-TCDF的确证推荐使用DB-235ms柱或等效柱，柱长30m、内径0.25mm、液膜厚度0.25μm；也可以使用RTX-2330或等效柱，柱长50～60m、内径0.25mm、液膜厚度0.20μm。为了得到最佳的分离度和灵敏度，需要优化GC色谱条件，且优化后，标准溶液、空白、IPR及OPR检查和样品检测都应采用相同的GC条件。采用DB-5ms色谱柱或等效柱的推荐条件：（a）进样口温度：280℃；（b）传输线温度：310℃；（c）柱温：120℃（保持1min）；以43℃/min升温速率升至220℃（保持15min）；以2.3℃/min升温速率升至250℃，以0.9℃/min升温速率升至260℃，以20℃/min升温速率升至310℃（保持9min）；（d）载气：恒流，0.8mL/min。

采用RTX-2330色谱柱或等效柱的推荐条件（供选择使用）：（a）进样口温度：280℃；（b）传输线温度：260℃；（c）柱温：90℃（保持1.5min）；

以25℃/min升温速率升至180℃；再以2℃/min升温速率升至260℃（保持30min）；（d）载气：恒流，1mL/min。

b. 质谱参数

（a）分辨率：在分辨率≥10000的条件下，进样PCDD/Fs单标或目标化合物与相邻组分没有干扰的混标溶液。

（b）质量校正：PCDD/Fs分析的运行时间可能超过质谱仪的质量稳定期。这是由于质谱仪在高分辨模式下运行时，百万分之几的质量数偏移（如百万分之五质量数）可能对仪器的性能产生严重影响，为此，需要对偏移的质量进行校正。可以采用参考气［全氟煤油（PFK）或全氟三丁胺（FC43）］的质量数锁定进行质量偏移校正。

（c）选择一个参考气离子碎片，如接近 m/z 为304（TCDF）的 $m/z=$ 304.9824（PFK）信号，调整质谱以满足最小所需的10000分辨率（10%峰谷分离）。

（d）在给定的GC条件下，进样 $1\mu L$ 或 $2\mu L$ CS1校正溶液，考察离子丰度比、最小水平、信噪比及绝对保留时间：

Ⅰ. 测定各目标化合物峰面积，计算精确质量数离子的丰度比，并与理论值比较，并符合质量控制的要求；否则需要调节质谱仪，重新测定，使其符合规定，并对质谱仪的分辨率进行确认。

Ⅱ. 各窗口有必要进行连续监测，确保在GC运行中能够监测全部PCDD/Fs。如果仅测定2,3,7,8-TCDD和2,3,7,8-TCDF，则将窗口修改为包括四氯和五氯异构体、二苯醚和锁定质量数。

Ⅲ. HRGC/HRMS应满足最低检测限要求，进样CS1时PCDD/Fs和标记化合物的信噪比应大于10∶1；

Ⅳ. $^{13}C_{12}$-1,2,3,4-TCDD在DB-5柱上的绝对保留时间应大于25.0min。

（e）保留时间窗口确定：采用优化的升温程序，进样时间窗口确定的标准溶液。如果仅检测2,3,7,8-TCDD和2,3,7,8-TCDF，则无须进行时间窗口确定试验。

② 定性分析

a. 对净化后的试样提取液进行仪器分析，信号应在2s内达到最大值。

b. 在样品提取液中，监测各PCDD/Fs离子的精确质量数，阳性样品中目标PCDD/Fs的GC峰S/N不应小于2.5，而校正标准中PCDD/Fs的GC峰S/N不应小于10。

c. 监测的两个质量数离子的峰面积比值应符合要求，或在校正标准CS3

中相应两个质量数离子的峰面积比值的 10% 范围内。

d. 各目标化合物的相对保留时间应符合规定。

e. 确认分析：由于 2，3，7，8-TCDF 异构体在 DB-5ms 柱上未能得到良好分离，因此如果在 DB-5ms 柱或等效检出 2，3，7，8-TCDF 的样品，应在 RTX-2330 或等效的色谱柱上进行确认分析。

f. 当上述定性指标未达到要求时，应进一步净化样品，除去干扰物质后重新分析。

③ 定量测定（同位素稀释定量）

在样品提取前，定量添加 $^{13}C_{12}$ 标记的定量内标，以校正 PCDD/Fs 的回收率。根据测定的相对响应和样品取样量与 $^{13}C_{12}$ 标记定量内标加入量，按式（2.15）计算样品中目标化合物的浓度：

$$c_{ex} = \frac{(A1_n + A2_n)m_1}{(A1_i + A2_i) \times RRF \times m_2} \qquad (2.15)$$

式中，c_{ex} 为样品中 PCDD/Fs 的浓度，$\mu g/kg$；$A1_n$ 为 PCDD/Fs 的第一个质量数离子的峰面积；$A2_n$ 为 PCDD/Fs 的第二个质量数离子的峰面积；m_1 为样品提取前加入的 $^{13}C_{12}$ 标记定量内标量，ng；$A1_i$ 为 $^{13}C_{12}$ 标记定量内标的第一个质量数离子的峰面积；$A2_i$ 为 $^{13}C_{12}$ 标记定量内标的第二个质量数离子的峰面积；RRF 为相对响应因子；m_2 为试样量，g。

由于存在潜在的干扰，在样品中没有添加 OCDF 的同位素标记物，而 OCDF 是用 OCDD 的 $^{13}C_{12}$ 标记定量内标进行定量。当然，在样品的提取、浓缩和净化过程中，由于 OCDD 和 OCDF 化学行为不同，采用这种计算方式，可能导致 OCDF 定量的准确度降低。但是，由于相对于其他二噁英及呋喃类化合物而言，OCDF 毒性较低，故准确度降低不会产生显著的影响。由于使用 $^{13}C_{12}$-1，2，3，7，8，9-HxCDD 作为回收率内标，因此 1，2，3，7，8，9-HxDD 的定量也不能采用严格的同位素稀释法，而采用 1，2，3，4，7，8-HxCDD 和 1，2，3，6，7，8-HxCDD 的 $^{13}C_{12}$ 标记定量内标平均响应进行定量计算。

2.2.3.3 电子电气产品中限用物质多溴联苯（PBBs）、多溴二苯醚（PBDEs）的检测

（1）气相色谱-质谱联用法

① 原理 试样经微波萃取或索氏提取，提取液经过硅胶固相萃取柱净化后，浓缩，定容作为测定溶液，用气相色谱-质谱联用仪（GC/MS）测定，内标法定量。

② 试剂和材料

a. 色谱纯：甲苯、正己烷、正丙醇、甲醇。

b. $V_{甲苯}$：$V_{甲醇}$ （10：1）。

c. $V_{甲苯}$：$V_{正丙醇}$ （1：1）。

d. 液氮：工业级。

e. PBBs 标准溶液。

f. PBDEs 标准溶液。

g. 混合标准溶液的配制：分别移取 PBBs 标准溶液和 PBDEs 标准溶液适量体积，用甲苯稀释，配制成所需浓度的标准溶液。

h. 内标物：十氯联苯溶液。

i. 硅胶固相萃取柱：6mL，2g 或相当者，使用前用 5mL 正己烷洗涤，使之保持润湿。

③ 仪器与设备

a. 气相色谱-质谱联用仪：最高质荷比在原子量 1000 以上。

b. 索氏提取装置、旋转蒸发器、粉碎机或类似设备、密闭微波萃取仪、固相萃取装置。

c. 分析天平：感量 0.1mg。

④ 样品制备　将电子电气产品中拆分的样品破碎成小于 1cm×1cm 的小块，经液氮冷冻后用粉碎机破碎成粒径小于 1mm 的颗粒。

⑤ 分析步骤

a. 提取

（a）索氏提取：准确称取 0.5～2g 粉碎后的样品，精确到 0.0001g，放入纤维素套管或包在滤纸中，然后将其放到安装好的索氏提取装置中，加入 1.5 倍虹吸管体积的 $V_{甲苯}$：$V_{正丙醇}$ （1：1）到接收瓶中，抽提 6h 以上（每秒流速 1～2 滴）。用旋转蒸发器或其他方式将提取液浓缩至 2～3mL，净化处理。

（b）微波萃取：准确称取 0.5～2g 粉碎后的样品，精确到 0.0001g，放入萃取罐中，准确移取 20mL 的甲苯、甲醇，密封置于微波萃取仪中，在 5min 内升温至 115℃，保持 15min 以上，冷却至室温，将萃取液完全转移，并用萃取溶剂分次洗涤萃取罐，合并以上溶液，用旋转蒸发器或其他方式将提取液浓缩至 2～3mL，净化处理。对无法完全转移的萃取液，在保证萃取过程中萃取液不损失的情况下，准确移取 2mL 样品溶液，净化处理。

b. 净化。处理后的样品溶液中加入 8mL 正己烷，溶液如有沉淀产生，静置后，将上层清液通过硅胶固体萃取柱，控制流速为每 2s 1 滴，沉淀用 5mL 正己烷分 2 次洗涤后过柱，合并正己烷淋洗液，用氮气吹至近干，用与待测物浓度相近的内标溶液定容后，供气相色谱-质谱联用仪测定；如无沉淀产生，溶液直接过已活化的硅胶小柱，用 5mL 正己烷淋洗，合并正己烷淋洗液，用氮气吹至近干，用与待测物浓度相近的内标溶液定容后，供气相色谱-质谱联用仪测定。

c. 测定。参考气相色谱-质谱条件如下。

(a) 色谱柱：15m×0.25mm（内径）×0.1μm（膜厚），DB-5MS 石英毛细管柱或相当者；

(b) 色谱柱温度：90℃（3min）$\xrightarrow{20℃/min}$ 320℃（3min）；

(c) 进样口温度：280℃；

(d) 色谱-质谱接口温度：320℃；

(e) 离子源温度：300℃；

(f) 载气：氦气，纯度≥99.999%，1.8mL/min；

(g) 电离方式：EI；

(h) 电离能量：70eV；

(i) 质量扫描范围：原子量 50~1000；

(j) 测定方式：选择离子监测方式；

(k) 进样方式：脉冲无分流进样，1.8min 后开阀；总流量 54.1mL/min；

(l) 进样量：1.0μL；

(m) 溶剂延迟：5min。

d. 气相色谱-质谱定性及定量分析。按上述分析条件对混合标准溶液及待测液进行分析，根据色谱峰的保留时间和表 2.13 的多溴联苯和多溴二苯醚的定性离子进行定性分析及参考定量离子的峰面积，采用内标法进行定量。

表 2.13　多溴联苯、多溴二苯醚的分子量以及定性离子和定量选择离子

化学名称	特征离子（原子量）		化学名称	特征离子（原子量）	
	定性	定量		定性	定量
一溴联苯	234 232 152	234	一溴二苯醚	250 248 141	248
二溴联苯	312 310 152	312	二溴二苯醚	328 326 168	328
三溴联苯	392 390 230	390	三溴二苯醚	408 406 248	406
四溴联苯	470 310 308	310	四溴二苯醚	488 486 326	486
五溴联苯	550 390 388	390	五溴二苯醚	564 406 404	564
六溴联苯	628 468 466	468	六溴二苯醚	643 484 482	484
七溴联苯	705 546 544	705	七溴二苯醚	722 562 456	562
八溴联苯	785 546 544	785	八溴二苯醚	801 642 639	639
九溴联苯	8644 705 703	705	九溴二苯醚	881 721 719	721
十溴联苯	944 783 781	783	十溴二苯醚	959 799 797	799

e. 空白试验。随同试样进行空白试验。

⑥ 结果计算　按式（2.16）计算校正因子：

$$F_i = \frac{A_i m_s}{A_s m_i} \tag{2.16}$$

式中，F_i 为多溴联苯和多溴二苯醚各自对内标物的校正因子；A_i 为内标峰面积；m_i 为内标质量，mg；A_s 为标准物质标准峰面积；m_s 为标准物质的质量，mg。

按式（2.17）计算试样中多溴联苯和多溴二苯醚的含量：

$$X_i = \frac{F_i(A_2 - A_0)m_1}{A_1 m_2} \times 1000 \tag{2.17}$$

式中，X_i 为试样中每种多溴联苯和多溴二苯醚的含量，mg/kg；F_i 为校正因子；A_1 为样液中内标峰面积；A_0 为空白峰面积；A_2 为样液中每种多溴联苯和多溴二苯醚峰面积；m_1 为样液中内标质量，mg；m_2 为最终样液所代表的样品质量，g。

（2）液相色谱法

① 原理　试样经微波萃取或索氏提取，提取液经过硅胶固相萃取柱净化后，浓缩，定容作为测定溶液，用液相色谱测定，外标法定量。

② 试剂和材料　除另有说明外，在分析中使用蒸馏水或去离子水或相当纯度的水。

a. 分析纯：磷酸氢二钠、磷酸二氢钾。

b. 甲醇：HPLC 级或相当者。

c. 缓冲溶液（pH＝7）：将 0.15g 磷酸二氢钾和 0.25g 磷酸氢二钠溶于 100mL 水中。

d. 色谱纯：甲苯、正己烷、正丙醇、甲醇。

e. $V_{甲苯}:V_{甲醇}$ （10：1）。

f. $V_{甲苯}:V_{正丙醇}$ （1：1）。

g. 液氮：工业级。

h. PBBs 标准溶液。

i. PBDEs 标准溶液。

j. 混合标准溶液的配制：分别移取 PBBs 标准溶液和 PBDEs 标准溶液适量体积，用甲苯稀释，配制成所需浓度的标准溶液。

k. 内标物：十氯联苯溶液。

l. 硅胶固相萃取柱：6mL，2g 或相当者，使用前用 5mL 正己烷洗涤，使之保持润湿。

③ 仪器

a. 液相色谱仪：配紫外-可见检测器。

b. 索氏提取装置、旋转蒸发器、粉碎机或类似设备、密闭微波萃取仪、固相萃取装置。

c. 分析天平：感量 0.1mg。

④ 样品制备　将电子电气产品中拆分的样品破碎成小于 1cm×1cm 的小块，经液氮冷冻后用粉碎机破碎成粒径小于 1mm 的颗粒。

⑤ 分析步骤

a. 提取：同"气相色谱-质谱联用法"。

b. 净化：同"气相色谱-质谱联用法"操作，吹至近干后的溶液用甲苯定容，供液相色谱分析。

c. 测定

（a）参考液相色谱条件

Ⅰ. 色谱柱：C18 反相柱，5.0μm，250mm×4.6mm（内径）或相当者。

Ⅱ. 柱温：35℃。

Ⅲ. 流动相及流速见表 2.14。

Ⅳ. 检测波长：226nm。

Ⅴ. 进样量：20μL。

表 2.14　液相色谱条件

时间/min	流速/(mL/min)	甲醇/%	缓冲溶液/%
0	1.0	93	7
17	1.0	100	0
35	1.0	93	7

（b）液相色谱分析：根据样液中待测物 PBBs 和 PBDEs 含量，选定浓度相近的混合标准溶液分别测定。采用色谱峰的保留时间进行定性，峰面积进行外标法定量，必要时用 GC/MS 确证。

d. 空白试验：随同试样进行空白试验。

⑥ 计算　按式（2.18）计算试样中的 PBBs 和 PBDEs 含量：

$$X_i = \frac{(A_i - A_0)c_s V}{A_s m} \tag{2.18}$$

式中，X_i 为试样中 PBBs 和 PBDEs 含量，mg/kg；A_i 为样液中 PBBs 和 PBDEs 的色谱峰面积；A_0 为空白样品的色谱峰面积；A_s 为标准工作液中 PBBs 和 PBDEs 的色谱峰面积；c_s 为标准工作液中 PBBs 和 PBDEs

的浓度，mg/L；V 为样液最终定容体积，mL；m 为最终样液所代表的试样量，g。

（3）气相色谱法

① 原理　试样经微波萃取或索氏提取，提取液经过硅胶固相萃取柱净化后，浓缩，定容作为测定溶液，用气相色谱测定，内标法定量。

② 试剂和材料

a. 色谱纯：甲苯、正己烷、正丙醇、甲醇。

b. $V_{甲苯} : V_{甲醇}$（10：1）。

c. $V_{甲苯} : V_{正丙醇}$（1：1）。

d. 液氮：工业级。

e. PBBs 标准溶液。

f. PBDEs 标准溶液。

g. 混合标准溶液的配制：分别移取 PBBs 标准溶液和 PBDEs 标准溶液适量体积，用甲苯稀释，配制成所需浓度的标准溶液。

h. 内标物：十氯联苯溶液。

i. 硅胶固相萃取柱：6mL，2g 或相当者，使用前用 5mL 正己烷洗涤，使之保持润湿。

③ 仪器

a. 气相色谱仪：配 ECD 检测器。

b. 索氏提取装置、旋转蒸发器、粉碎机或类似设备、密闭微波萃取仪、固相萃取装置。

c. 分析天平：感量 0.1mg。

④ 样品制备　将电子电气产品中拆分的样品破碎成小于 1cm×1cm 的小块，经液氮冷冻后用粉碎机破碎成粒径小于 1mm 的颗粒。

⑤ 分析步骤

a. 提取：同"气相色谱-质谱联用法"。

b. 净化：同"气相色谱-质谱联用法"操作，净化定容后的溶液供气相色谱分析。

c. 测定

（a）参考气相色谱条件

Ⅰ. 色谱柱：30m×0.25mm（内径）×0.10μm（膜厚），DB-5 石英毛细管柱或相当者；

Ⅱ. 色谱柱温度：150℃（2min），20℃/min　320℃（18min）；

Ⅲ. 进样口温度：280℃；

Ⅳ. 检测器（ECD）温度：320℃；

Ⅴ. 载气：氮气，纯度 99.999%；流速 2.0mL/min；

Ⅵ. 进样量：1μL；

Ⅶ. 进样方式：不分流进样。

（b）气相色谱分析：按上述分析条件对混合标准溶液及待测液进行分析，用色谱峰保留时间定性，内标法定量，必要时用 GC/MS 确证。

d. 空白试验：随同试样进行空白试验。

⑥ 结果计算　按式（2.19）计算校正因子：

$$F_i = \frac{A_i m_s}{A_s m_i} \qquad (2.19)$$

式中，F_i 为多溴联苯和多溴二苯醚各自对内标物的校正因子；A_i 为内标峰面积；m_i 为内标质量，mg；A_s 为标准物质标准峰面积；m_s 为标准物质的质量，mg。

按式（2.20）计算试样中多溴联苯和多溴二苯醚的含量：

$$X_i = \frac{F_i(A_2 - A_0)m_1}{A_1 \times m_2} \times 1000 \qquad (2.20)$$

式中，X_i 为试样中每种多溴联苯和多溴二苯醚的含量，mg/kg；F_i 为校正因子；A_1 为样液中内标峰面积；A_0 为空白峰面积；A_2 为样液中每种多溴联苯和多溴二苯醚峰面积；m_1 为样液中内标质量，mg；m_2 为样品质量，g。

2.2.3.4　动物源性食品中多溴联苯醚的测定

适用于畜禽肉、生鲜乳及水产品等动物源性食品中（蛋类及其制品除外）多溴联苯醚类化合物（BDE28、BDE47、BDE99、BDE100、BDE153、BDE154、BDE183 和 BDE209）的测定。

（1）原理

冻干后的试样加入内标溶液（十溴联苯醚 BDE209 的测定使用 [13]C 标记的同位素内标，其他多溴联苯醚类化合物使用 BDE77 做内标），经加速溶剂提取、酸化硅胶除脂、硅胶氧化铝复合层析柱净化后，使用气相色谱-质谱联用仪（负化学电离源）测定，内标法定量。

（2）培养基和试剂

除非另有说明，本方法所用试剂均为分析纯，水为 GB/T 6682 规定的一级水。整个分析过程应避免塑料类容器的使用，如枪头、塑料离心管等。

① 色谱纯：正己烷（C_9H_{20}）、二氯甲烷（CH_2Cl_2）。

② 优级纯：硫酸（H_2SO_4），含量95%～98%。

③ 农残纯：无水硫酸钠（Na_2SO_4）。

④ 色谱用硅胶（0.063～0.100mm粒径）：将市售硅胶装入玻璃色谱柱中，依次用正己烷和二氯甲烷淋洗两次，每次使用的溶剂体积约为硅胶体积的两倍。淋洗后，将硅胶转移到烧瓶中，以铝箔盖住瓶口置于马弗炉中600℃下烘烤6h，冷却后装入磨口试剂瓶中，于干燥器中保存。

⑤ 酸性氧化铝：色谱层析用酸性氧化铝，660℃下烘烤6h后，装入磨口试剂瓶中，于干燥器中保存。

⑥ 44%酸化硅胶：称取活化好的硅胶100g，逐滴加入78.6g硫酸，振摇至无块状物后，装入磨口试剂瓶中，于干燥器中保存。

⑦ 标准品

a. PBDEs混合标准溶液：M-1614-CSM，见表2.15。

表2.15　多溴联苯醚及其定量内标标准溶液

化合物	CAS#	溴原子数	浓度/(mg/L)	纯度（GC/MS）/%
BDE28	41318-75-6	3	20	99.2
BDE47	5436-43-1	4	20	98.0
BDE99	60348-60-9	5	20	98.3
BDE100	189084-64-8	5	20	100.0
BDE153	68631-49-2	6	20	100.0
BDE154	207122-15-4	6	20	97.0
BDE183	207122-16-5	7	20	98.8
BDE209	1163-19-5	10	200	98.3
BDE77（IS）	93703-48-1	4	50	99.1
13C-BDE209（IS）	1163-19-5	10	25	98

b. 定量内标（IS）标准溶液，见表2.15。

c. 校正系列标准溶液，见表2.16。

表2.16　多溴联苯醚校正系列标准溶液

化合物	浓度/(μg/L)				
	CS1	CS2	CS3	CS4	CS5
BDE28	0.5	1.0	5.0	10	50
BDE47	0.5	1.0	5.0	10	50
BDE99	0.5	1.0	5.0	10	50
BDE100	0.5	1.0	5.0	10	50

化合物	浓度/(μg/L)				
	CS1	CS2	CS3	CS4	CS5
BDE153	0.5	1.0	5.0	10	50
BDE154	0.5	1.0	5.0	10	50
BDE183	0.5	1.0	5.0	10	50
BDE209	5.0	10	50	100	500
BDE77（IS）	5.0	5.0	5.0	5.0	5.0
13C-BDE209（IS）	50	50	50	50	50

（3）仪器与设备

① 气相色谱-负化学电离/质谱联用仪（GC-NCI/MS）。

② 色谱柱：VF-5ms（7m×0.25mm×0.1μm），或等效毛细管色谱柱。

③ 分析天平：感量为0.01g和0.1mg。

④ 真空冷冻干燥机（冷凝器的最低温度−50℃）。

⑤ 加速溶剂提取仪、氮气浓缩器、旋转蒸发仪、涡旋混合器。

⑥ 玻璃层析柱（柱长30cm，柱内径1.8cm）。

玻璃仪器的准备：所有需重复使用的玻璃器皿应在使用后尽快认真清洗，清洗过程如下：用含碱性洗涤剂的清水清洗；依次用清水和去离子水冲洗；依次用丙酮、正己烷和二氯甲烷洗涤。

（4）分析步骤

① 试样制备　取代表性可食部位的样品，其中均匀样品直接混合（如奶类），非均匀样品用组织匀浆机充分搅拌均匀（如鱼、肉类），取液态乳样品20mL（鱼类、肉类2g）经冷冻干燥24h后，放入干燥器中保存。

② 试样提取　将冻干后的预处理试样0.5g与10g硅藻土混匀，加入定量内标溶液13C-BDE209（500μg/L，2μL）和BDE77（50μg/L，2μL）后，将样品和硅藻土的混合物装入萃取池中，萃取池顶部用适量硅藻土填满。提取溶剂为正己烷-二氯甲烷（1+1）100mL。

提取条件为：压力10MPa（1500psi）；温度120℃；加热时间5min；稳定时间8min；清洗体积占萃取池体积的60%；吹扫时间120s；静态循环次数2次。提取完成后，将提取液转移到茄形瓶中，旋转蒸发浓缩至近干。如分析结果以脂肪计则需要测定试样的脂肪含量。脂肪含量的测定：浓缩前准确称量茄形瓶重量，将溶剂浓缩至干后再准确称量茄形瓶重量，两次称重结果的差值为试样的脂肪量。测定脂肪量后，加入少量正己烷溶解瓶中残渣。

③ 试样净化

a. 酸化硅胶净化：将提取液转移至旋转蒸发瓶中，加入 10g 酸化硅胶，于 60℃ 下水浴加热振摇 10min，缓慢倾出上层溶液，浓缩至大约 1mL。

b. 复合硅胶柱净化

净化柱装填：玻璃柱底端用玻璃棉封堵后从底端到顶端依次填入 2g 无水硫酸钠、6g 酸性氧化铝、5g 酸化硅胶、2g 活化硅胶、2g 无水硫酸钠。然后用 50mL 正己烷预淋洗。将经过净化后浓缩洗脱液全部转移至柱上，用约 5mL 正己烷冲洗茄形瓶 3～4 次，洗液转移至柱上，待液面降至无水硫酸钠层时加入 100mL 二氯甲烷-正己烷（1＋1）洗脱，洗脱液浓缩至约 1mL。

c. 试样溶液浓缩：将净化后的试样溶液转移至进样小管中，在氮气流下浓缩，用少量正己烷洗涤茄形瓶 3～4 次，洗涤液也转移至进样内插管中，氮气浓缩至约 50μL，然后封盖待上机分析。

④ 仪器测定

a. 气相色谱条件

（a）色谱柱：VF-5ms（7m×0.25mm×0.1μm）。

（b）进样口温度：275℃。

（c）色谱柱升温程序：120℃ 保持 2min，以 26℃/min 速度升至 310℃，并保持 3min。

（d）载气：高纯氦气（纯度＞99.999％），柱流量 3mL/min。

（e）进样器模式：230kPa 高压脉冲进样。

（f）进样量：不分流进样 1μL。

b. 质谱条件

（a）离子化方式：负化学电离（NCI），甲烷为反应气。

（b）传输线温度：280℃。

（c）离子源温度：220℃。

（d）溶剂延迟时间：3min。

（e）离子监测方式：选择离子监测（SIM），BDE-209 的监测碎片 m/z 为 486 和 488，13C-BDE-209 的监测碎片 m/z 为 492 和 494，其他多溴联苯醚的监测碎片 m/z 为 79 和 81。

c. 标准曲线的测定：分别将试样和系列标准注入气相色谱-质谱系统，记录 PBDEs 和内标的峰面积。计算 PBDEs（m/z 为 79）和 BDE77 内标（m/z 为 79）的峰面积比，并计算 BDE209（m/z 为 486）和 ^{13}C-BDE209 内标（m/z 为 494）的峰面积比，以各系列标准溶液的进样量（ng）与对应的 PBDEs（m/z

为 79）和 BDE77 内标（m/z 为 79）的峰面积比，以及 BDE209（m/z 为 486）和 ^{13}C-BDE209 内标（m/z 为 494）的峰面积比分别绘制线性曲线。

（5）结果计算

① 定性　以相对保留时间和 PBDEs 相应监测离子的丰度比进行定性分析。要求所检测的 PBDEs 色谱峰信噪比（S/N）大于 3，PBDEs 相应监测离子的丰度比偏差不超过标准溶液中相应离子丰度比的 20%。

② 定量　采用内标法，以相对响应因子（RRF）进行定量计算。系列标准溶液进样，各个浓度连续进样 3 针，按公式（2.21）计算 RRF 值：

$$RRF = \frac{A_n C_s}{A_s C_n} \qquad (2.21)$$

式中，RRF 为目标化合物对内标的相对响应因子；A_n 为目标化合物的峰面积；C_n 为目标化合物的量，ng；A_s 为内标的峰面积；C_s 为内标的量，ng。

在系列标准溶液中，各目标化合物的 RRF 值相对标准偏差（RSD）应小于 20%。

按公式（2.22）计算样品中 PBDEs 的含量：

$$X_n = \frac{A_n M_s}{A_s RRF m} \qquad (2.22)$$

式中，X_n 为目标化合物的含量，ng/g 或 ng/mL；M_s 为样品中加入内标的量，ng；A_n 为目标化合物的峰面积；A_s 为定量内标的峰面积；m 为取样量，g 或 mL。

计算结果保留三位有效数字。

2.2.3.5　高效液相色谱法测定食品中多环芳烃的含量

食品中的多环芳烃包括：萘、苊、芴、菲、蒽、荧蒽、芘、苯并［a］蒽、䓛、苯并［b］荧蒽、苯并［k］荧蒽、苯并［a］芘、茚并［1,2,3-c,d］芘、二苯并［a,h］蒽和苯并［g,h,i］芘。

（1）原理

试样中的多环芳烃用有机溶剂提取，提取液浓缩至近干，溶剂溶解，用 PSA（N-丙基乙二胺）和 C_{18} 固相萃取填料净化或用弗罗里硅土固相萃取柱净化。经浓缩定容后，通过高效液相色谱分离，测定各种多环芳烃在不同激发波长和发射波长处的荧光强度，外标法定量。

（2）试剂和材料

除非另有说明，本方法所用试剂均为分析纯，水为 GB/T 6682 规定的一级水。

① 色谱纯：乙腈（CH_3CN）、正己烷（C_6H_{14}）、二氯甲烷（CH_2Cl_2）、

硅藻土。

② 优级纯：硫酸镁（$MgSO_4$）

③ N-丙基乙二胺（PSA）：粒径 $40\mu m$。

④ 封尾 C_{18} 固相萃取填料：粒径 $40\sim63\mu m$。

⑤ 弗罗里硅土固相萃取柱：500mg，3mL。

⑥ 有机相型微孔滤膜：$0.22\mu m$。

⑦ 正己烷-二氯甲烷混合溶液（1+1）：量取 500mL 正己烷，加入二氯甲烷 500mL，混匀。

⑧ 乙腈饱和的正己烷：量取 800mL 正己烷，加入 200mL 乙腈，振摇混匀后，静置分层，上层正己烷层即为乙腈饱和的正己烷。

⑨ 标准品　多环芳烃（萘、苊、芴、菲、蒽、荧蒽、芘、苯并 [a] 蒽、䓛、苯并 [b] 荧蒽、苯并 [k] 荧蒽、苯并 [a] 芘、茚并 [1,2,3-c,d] 芘、二苯并 [a,h] 蒽和苯并 [g,h,i] 苝）有机标准溶液（$200\mu g/mL$），于$-18℃$下保存。

多环芳烃是已知的致癌、致畸、致突变的物质，并且致癌性随着苯环数的增加而增加，测定时应特别注意安全防护。测定应在通风柜中进行并戴手套，尽量减少暴露。

⑩ 标准溶液配制

a. 多环芳烃标准中间液（1000ng/mL）：吸取多环芳烃标准溶液 0.5mL，用乙腈定容至 100mL。在$-18℃$下保存。

b. 多环芳烃标准系列工作液：分别吸取多环芳烃标准中间液 0.10mL、0.50mL、1.0mL、2.0mL、5.0mL、10.0mL，用乙腈定容至 100mL，得到质量浓度为 1ng/mL、5ng/mL、10ng/mL、20ng/mL、50ng/mL、100ng/mL 的标准系列工作液。

（3）仪器和设备

① 高效液相色谱仪，带荧光检测器。

② 电子天平：感量为 0.01g。

③ 冷冻离心机：转速≥4500r/min。

④ 涡旋振荡器、超声波振荡器、粉碎机、均质器、氮吹仪、旋转蒸发仪。

（4）分析步骤

① 试样制备

a. 干样：取样品约 500g，经粉碎机粉碎、混匀，分装于洁净盛样袋中，密封标识后于$-18℃$冷冻保存。

b. 湿样：取样品约 500g，将其可食部分先切碎，经均质器充分搅碎均匀，分装于洁净盛样袋中，密封标识后于 -18℃冷冻保存。

② 试样提取

a. 粮谷或水分少的食品。称取 2～5g（精确至 0.01g）试样于 50mL 具塞玻璃离心管 A 中，按以下步骤处理。

（a）加入 10mL 正己烷，涡旋振荡 30s 后，放入 40℃水浴超声 30min；以 4500r/min 离心 5min，吸取上清液于玻璃离心管 B 中；离心管 A 下层用 10mL 正己烷重复提取 1 次，提取液合并于离心管 B 中，氮吹（温度控制在 35℃以下）除去溶剂，吹至近干。

（b）在离心管 B 中，加入 4mL 乙腈，涡旋混合 30s，再加入 900mg 硫酸镁、100mgPSA 和 100mgC$_{18}$ 填料，涡旋混合 30s，以 4500r/min 离心 3min，取上清液于 10mL 玻璃刻度离心管 C 中，离心管 B 下层再用 2mL 乙腈重复提取 1 遍，合并提取液于离心管 C 中，氮吹蒸发溶剂至近 1mL，用乙腈定容至 1mL，混匀后，过 0.22μm 有机相型微孔滤膜，制得试样待测液。

b. 水产品、肉类和蔬菜等食品。称取 2～5g（精确至 0.01g）试样于 50mL 具塞玻璃离心管 A 中，加 1～5g 硅藻土，用玻璃棒搅匀，以下按上述步骤处理，制得试样待测液。

c. 含油脂高的食品或动植物油脂。称取 1～4g（精确至 0.01g）试样于 50mL 具塞玻璃离心管 A 中，按以下步骤处理。

（a）加入 20mL 乙腈和 10mL 乙腈饱和的正己烷，涡旋振荡 30s 后，放入 40℃水浴超声 30min；摇匀后，以 4500r/min 冷冻（-4℃）离心 5min，吸取下层乙腈层于 100mL 鸡心瓶中，离心管 A 中溶液用 20mL 乙腈重复提取 1 次，提取液合并于鸡心瓶中，35℃减压旋转蒸发至近干。加入 5mL 正己烷，涡旋振荡 30s 溶解。

（b）依次用 5mL 二氯甲烷和 10mL 正己烷活化弗罗里硅土固相萃取柱，将（a）获得的 5mL 提取样液全部移入弗罗里硅土固相萃取柱，再用 5mL 正己烷洗涤鸡心瓶并入柱中，用 8mL 正己烷-二氯甲烷混合溶液洗脱，收集所有流出物于 20mL 玻璃离心管 B 中。氮吹（温度控制在 35℃以下）除去溶剂，吹至近干，加入 0.5mL 乙腈涡旋振荡 10s，继续氮吹至除尽正己烷-二氯甲烷，用乙腈定容至 1mL，混匀后，过 0.22μm 有机相型微孔滤膜，制得试样待测液。

③ 液相色谱参考条件

a. 色谱柱：PAH C$_{18}$ 反相键合固定相色谱柱，柱长 250mm，内径

4.6mm，粒径 $5\mu m$，或同等性能的色谱柱。

b. 检测器：荧光检测器。

c. 流动相：乙腈和水；梯度洗脱程序见表 2.17，溶剂 A 为乙腈，溶剂 B 为水。

表 2.17　反相 C_{18} 柱梯度洗脱程序

色谱时间/min	0	5	20	28	32
溶剂 A/%	50	50	100	100	50
溶剂 B/%	50	50	0	0	50

d. 流速：1.5mL/min。

e. 检测波长：激发波长和发射波长见表 2.18。

表 2.18　多环芳烃的激发波长、发射波长及其切换色谱时间检测参数

化合物名称	时间/min	激发波长/nm	发射波长/nm
萘、苊、芴	0	270	324
菲、蒽	12.04	248	375
荧蒽	14.00	280	462
芘、苯并 [a] 蒽、䓛	14.85	270	385
苯并 [b] 荧蒽	18.93	256	446
苯并 [k] 荧蒽、苯并 [a] 芘、二苯并 [a,h] 蒽、苯并 [g,h,i] 䓲	20.22	292	410
茚并 [1,2,3-c,d] 芘	23.33	274	507

f. 柱温：30℃。

g. 进样量：$20\mu L$。

④ 标准曲线的制作

将标准系列工作液分别注入液相色谱仪中，测得相应的峰面积，以标准工作液的质量浓度为横坐标、以峰面积为纵坐标，绘制标准曲线。标准溶液的液相色谱图参见图 2.9。

⑤ 试样溶液的测定　将试样待测液注入液相色谱仪中，以保留时间定性，测得相应的峰面积，根据标准曲线得到试样待测液中多环芳烃的质量浓度。如果试样待测液中被测物质的响应值超出仪器检测的线性范围，可适当稀释后测定。

⑥ 空白试验　空白试验除不加试样外，采用与试样完全相同的分析步骤。

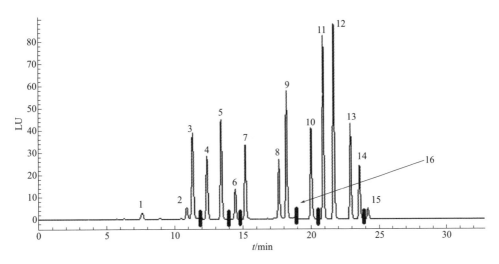

图 2.9　多环芳烃标准溶液的液相色谱图

1—萘；2—苊烯；3—苊；4—芴；5—菲；6—蒽；7—荧蒽；8—芘；9—苯并 [a] 蒽；10—䓛；
11—苯并 [b] 荧蒽；12—苯并 [k] 荧蒽；13—苯并 [a] 芘；14—茚并 [1,2,3-c,d] 芘；
15—二苯并 [a,h] 蒽；16—苯并 [g,h,i] 芘

（5）分析结果的表述

试样中多环芳烃的含量 X_i 按式（2.23）计算：

$$X_i = \frac{\rho_i V}{m} \qquad (2.23)$$

式中，X_i 为试样中多环芳烃的含量，µg/kg；ρ_i 为依据标准曲线计算得到的试样待测液中多环芳烃 i 的浓度，ng/mL；V 为试样待测液最终定容体积，mL；m 为试样质量，g。

含量≥10µg/kg 时，保留三位有效数字；含量<10µg/kg 时，保留两位有效数字。计算结果应扣除空白值。

（6）检出限和定量限

当试样取 4g，定容体积为 1mL 时，本方法的检出限和定量限见表 2.19。

表 2.19　液相色谱法的多环芳烃检出限和定量限　单位：µg/kg

化合物	蒽、苯并 [a] 蒽、䓛、茚并 [1,2,3-c,d] 芘、苯并 [b] 荧蒽、苯并 [k] 荧蒽、苯并 [a] 芘、二苯并 [a,h] 蒽、苯并 [g,h,i] 芘	菲	萘	荧蒽	苊、芴、芘
检出限	0.33	2.0	3.3	0.5	0.65
定量限	1.0	6.0	10	1.5	2.0

2.2.3.6 气相色谱-质谱测定食品中多环芳烃的含量

（1）原理

试样中的多环芳烃用有机溶剂提取，提取液浓缩至近干，用 PSA（*N*-丙基乙二胺）和 C_{18} 固相萃取填料净化或用弗罗里硅土固相萃取柱净化，经浓缩定容后，用气相色谱-质谱联用仪进行测定，外标法定量。

（2）试剂和材料

同"2.2.3.5 高效液相色谱法测定食品中多环芳烃的含量"。

（3）仪器和设备

① 气相色谱-质谱联用仪。

② 其余同"2.2.3.5 高效液相色谱法测定食品中多环芳烃的含量"。

（4）分析步骤

① 试样制备 同"2.2.3.5 高效液相色谱法测定食品中多环芳烃的含量"。

② 试样提取 同"2.2.3.5 高效液相色谱法测定食品中多环芳烃的含量"。

③ 空白试验 空白试验除不加试样外，采用与试验完全相同的分析步骤。

④ 气相色谱-质谱参考条件

a. 色谱柱：DB-5 MS，柱长 30m，内径 0.25mm，膜厚 0.25μm，或同等性能的色谱柱；

b. 柱温度程序：初始温度 90℃，以 20℃/min 升温至 220℃，再以 5℃/min 升温至 320℃，保持 2min；

c. 进样口温度：250℃；

d. 色谱-质谱接口温度：280℃；

e. 离子源温度：230℃；

f. 载气：氦气，纯度≥99.999%，1.0mL/min；

g. 电离方式：EI；

h. 电离能量：70eV；

i. 质量扫描范围：原子量 50～450；

j. 测定方式：选择离子监测方式；

k. 进样方式：不分流进样，2.0min 后开阀；

l. 进样量：1.0μL；

m. 溶剂延迟：3min。

⑤ 标准曲线的制作 将标准系列工作液分别注入气相色谱-质谱仪中，测得相应的峰面积，以标准工作液的质量浓度为横坐标、以峰面积为纵坐

标，绘制标准曲线。

⑥ 试样溶液的测定 将试样待测液注入气相色谱-质谱仪中，测得相应的峰面积，根据标准曲线得到试样待测液中多环芳烃的质量浓度。如果试样待测液中被测物质的响应值超出仪器检测的线性范围，可适当稀释后测定。

⑦ 定性 如果试样待测液中检出的色谱峰保留时间与标准工作溶液相一致，且选择离子的相对丰度与标准工作溶液的相对丰度两者之差不大于允许相对偏差（相对丰度≥50%，允许±10%偏差；50%＞相对丰度＞20%，允许±15%偏差；10%＜相对丰度＜20%，允许±20%偏差；相对丰度≤10%，允许±50%偏差），则可判断试样中存在对应的被测物。在上述色谱条件下，总离子流图参见图2.10。参考保留时间和特征离子见表2.20。

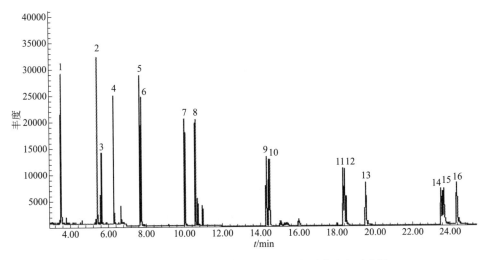

图 2.10 多环芳烃标准溶液的气相色谱-质谱总离子流图

1—萘；2—苊烯；3—苊；4—芴；5—菲；6—蒽；7—荧蒽；8—芘；9—苯并 [a] 蒽；10—䓛；
11—苯并 [b] 荧蒽；12—苯并 [k] 荧蒽；13—苯并 [a] 芘；14—茚并 [1,2,3-c,d] 芘；
15—二苯并 [a,h] 蒽；16—苯并 [g,h,i] 菲

表 2.20 多环芳烃的参考保留时间和特征离子

化合物名称	保留时间/min	选择离子		
		定量离子	定性离子	丰度比
萘	4.01	128	64，102	100 : 6 : 8
苊烯	5.82	152	63，76	100 : 5 : 7
苊	6.04	153	154，76	100 : 94 : 20
芴	6.66	166	165，82	100 : 92 : 9
菲	7.98	178	89，152	100 : 9 : 9
蒽	8.05	178	89，152	100 : 10 : 7

化合物名称	保留时间/min	选择离子		
		定量离子	定性离子	丰度比
荧蒽	10.31	202	101，200	100：13：22
芘	10.85	202	101，200	100：16：24
苯并［a］蒽	14.50	228	114，226	100：12：23
䓛	14.64	228	114，266	100：10：36
苯并［b］荧蒽	18.38	252	126，250	100：15：16
苯并［k］荧蒽	18.48	252	126，250	100：16：20
苯并［a］芘	19.51	252	126，250	100：16：22
茚苯［1,2,3-c,d］芘	23.35	276	138，277	100：19：22
二苯并［a,h］蒽	23.47	278	138，276	100：12：30
苯并［g,h,i］䓛	24.14	276	138，277	100：24：23

（5）分析结果的表述

试样中多环芳烃的含量 X_i 按式（2.24）计算：

$$X_i = \frac{\rho_i V}{m} \tag{2.24}$$

式中，X_i 为试样中多环芳烃的含量，$\mu g/kg$；ρ_i 为依据标准曲线计算得到的试样待测液中多环芳烃 i 的浓度，ng/mL；V 为试样待测液最终定容体积，mL；m 为试样质量，g。

含量$\geqslant 10\mu g/kg$ 时，保留三位有效数字；含量$< 10\mu g/kg$ 时，保留两位有效数字。

2.2.3.7 气相色谱-质谱法测定化妆品中萘、苯并［a］蒽等9种多环芳烃的测定

适用于乳液、膏状、霜类、粉状、水类等化妆品中萘、苯并［a］蒽、䓛、苯并［b］荧蒽、苯并［j］荧蒽、苯并［k］荧蒽、苯并［e］芘、苯并［a］芘、二苯并［a,h］蒽等多环芳烃的测定。检出限和定量限为 0.1mg/kg 和 0.2mg/kg。

（1）原理

样品中的多环芳烃用甲醇超声提取，用环己烷液-液萃取后浓缩，用硅胶-中性氧化铝柱法净化后，采用气相色谱-质谱法测定。

（2）试剂和材料

除非另有规定，仅使用分析纯的试剂和超纯水（电阻率$\geqslant 18.2 M\Omega$）。

① 色谱纯：二氯甲烷、正己烷、甲醇、环己烷。

② 正己烷-二氯甲烷（3+2）：取 3 体积正己烷和 2 体积二氯甲烷混合

均匀。

③ 无水硫酸钠：使用前在 430℃ 下烘 6h 以上。

④ 硅胶：粒径 0.075～0.15mm，使用前 130℃ 下活化 16h。

⑤ 中性氧化铝：粒径 100～200mm，使用前在 160℃ 下活化 16h，加 3% 水（质量分数）去活化，平衡 48h 以上。

⑥ 脱脂棉。

⑦ 多环芳烃标准物质：纯度不小于 98.2%。

⑧ 多环芳烃标准储备溶液（1000mg/L）：分别称取 9 种多环芳烃标准物质 0.1000g，用二氯甲烷溶解后分别定容至 100mL 容量瓶中，密封、避光、−18℃ 保存，有效期 1 年。

⑨ 多环芳烃混合标准储备液（40mg/L）：分别准确移取 9 种多环芳烃标准储备溶液 1mL 于 25mL 容量瓶中，用正己烷定容至刻度，密封、避光、−18℃ 保存，有效期 6 个月。

⑩ 多环芳烃标准工作液：取一定量混合标准储备液，用正己烷稀释，配制成浓度为 0.05mg/L、0.1mg/L、0.5mg/L、1mg/L、2mg/L 的溶液。

（3）仪器和设备

① 分液漏斗，100mL。

② 超声波清洗器，输出功率 600W，频率 40kHz。

③ 旋转蒸发仪。

④ 玻璃层析柱，300mm×20mm。

⑤ 气相色谱-质谱联用仪。

⑥ 有机相过滤膜，0.45μm。

⑦ 分析天平，感量 0.1mg。

（4）分析步骤

① 提取　称取化妆品试样 0.5g（精确到 0.0001g），置于 50mL 具塞三角瓶中，加入甲醇 10mL，充分混匀，在超声波清洗器中超声提取 15min，将上清液转移至分液漏斗中，下层沉淀用甲醇重复提取两次，每次 2mL，合并上清液，用环己烷液液萃取 4 次，每次 20mL，合并上层环己烷相，浓缩至约 2mL。

② 净化　净化柱下端为脱脂棉（使用前用二氯甲烷索氏提取 24h 以上），依次用二氯甲烷湿法装填 10g 活化过的硅胶、5g 中性氧化铝，上端为 3g 无水硫酸钠。用 40mL 正己烷淋洗硅胶柱，加入提取液，用 25mL 正己烷淋洗，弃去洗脱液，用 40mL 正己烷-二氯甲烷（3+2）洗脱并收集，洗脱液经旋转

蒸发浓缩至约 2mL，定量转移至 1mL 刻度试管中，用氮气缓慢吹至 1mL，过 $0.45\mu m$ 有机滤膜后，供 GC-MS 分析。

③ 测定

a. 色谱条件：由于测试结果取决于所使用的仪器，因此不可能给出气相色谱分析的通用参数。设定的参数应保证色谱测定时被测组分与其他组分能够得到有效的分离，下列给出的参数证明是可行的。

(a) 色谱柱：HP-5 MS（$30m\times0.25mm\times0.25\mu m$）；

(b) 程序升温：起始温度 50℃（保持 2min），以 20℃/min 升至 160℃，之后以 4℃/min 升至 235℃，保持 12min，最后以 5℃/min 升至 290℃（保持 5min）；

(c) 进样口温度：280℃；

(d) 色谱-质谱接口温度：280℃；

(e) 离子源温度：230℃；

(f) 四极杆温度：150℃；

(g) 离子源：EI；

(h) 电离能量：70eV；

(i) 质量扫描范围：原子量 50～350；

(j) 载气：氦气，流速 1mL/min；

(k) 进样量：$1\mu L$；

(l) 进样方式：不分流进样；

(m) 溶剂延迟时间：6min。

b. 标准工作曲线绘制：将标准工作溶液按浓度由低至高顺序依次进样，按色谱条件进行测定，以色谱峰的峰面积为纵坐标，对应的浓度为横坐标作图，绘制标准工作曲线。苯并 [b] 荧蒽、苯并 [j] 荧蒽和苯并 [k] 荧蒽这三种物质系同分异构体，以这三种物质的总峰面积和总浓度的对应关系绘制标准工作曲线。多环芳烃标准物质选择离子色谱图参见图 2.11。

c. 试样测定：将试样溶液注入气相色谱-质谱仪，按色谱条件进行测定，记录色谱峰的保留时间和峰面积。如果试样溶液和标准工作溶液的选择离子色谱图中在相同保留时间有色谱峰出现，根据全扫描质谱图进行确证，根据选择离子色谱图进行定量，由选择定量离子峰的峰面积可从标准曲线上求出相应的色谱峰浓度。苯并 [b] 荧蒽、苯并 [j] 荧蒽和苯并 [k] 荧蒽这三种物质以其总峰面积和总浓度的线性关系计算其总量。样品溶液中的多环芳烃的响应值均应在标准工作曲线浓度范围之内，多环芳烃含量高的试样可取适量试样溶液

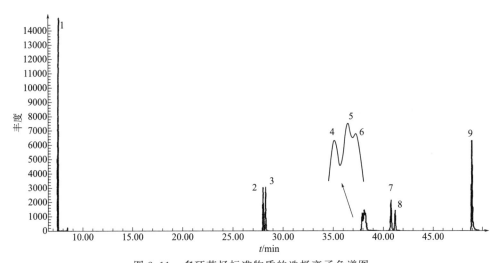

图 2.11　多环芳烃标准物质的选择离子色谱图

1—萘；2—苯并［a］蒽；3—䓛；4—苯并［b］荧蒽；5—苯并［j］荧蒽；6—苯并［k］荧蒽；
7—苯并［e］芘；8—苯并［a］芘；9—二苯并［a,h］蒽

用正己烷稀释后进行测定。按以上步骤，对同一试样进行平行试验测定。

④ 空白试验　除不加试样外，均按上述操作步骤进行。

（5）计算结果

结果按式（2.25）计算：

$$X_i = \frac{(c_i - c_0)V_i}{m} \tag{2.25}$$

式中，X_i 为样品中多环芳烃的含量，mg/kg；c_i 为标准曲线计算所得多环芳烃的浓度，mg/L；c_0 为标准曲线计算所得空白样品中多环芳烃的浓度，mg/L；V_i 为样品稀释后的总体积，mL；m 为样品质量，g。

结果保留小数点后两位。

（6）回收率和精密度

在添加浓度 0.2～2mg/kg 的范围内，回收率在 81.6%～100.2% 之间，相对标准偏差为 1.3%～5.8%。

2.2.3.8　高效液相色谱法测定水质阿特拉津的含量

适用于地表水、地下水中阿特拉津的测定。当样品取样体积为 100mL 时，本方法的检出限为 0.08μg/L，测定下限为 0.32μg/L。

（1）原理

本方法用二氯甲烷萃取水中阿特拉津，萃取液经无水硫酸钠干燥后，用浓缩器浓缩至近干，以甲醇定容，通过具有紫外检测器的高效液相色谱仪进行测定。以保留时间定性，外标法定量。

（2）试剂和材料

① 醇，HPLC 级。

② 二氯甲烷，农残级。

③ 阿特拉津标准储备溶液（$\rho = 100 \mu g/mL$）：准确称取 0.0100g 阿特拉津标准样品，用少量二氯甲烷溶解后，再用甲醇准确定容至 100mL，作为阿特拉津标准储备溶液。在 4℃冰箱中保存，保存期半年。

④ 阿特拉津标准使用溶液（$\rho = 10.0 \mu g/mL$）：取阿特拉津标准储备溶液 1.00mL 于 10.0mL 容量瓶中，甲醇定容，混匀，配制成标准使用溶液。在 4℃冰箱中保存，保存期半年。

⑤ 无水硫酸钠：在 400℃下灼烧 4h，冷却后密闭保存在玻璃瓶中。

⑥ 氯化钠：在 400℃下灼烧 4h，冷却后密闭保存在玻璃瓶中。

（3）仪器和设备

除非另有说明，分析时均使用符合国家标准 A 级玻璃量器。

① 高效液相色谱仪：具有可调波长紫外检测器或二极管阵列检测器。

② 色谱柱：填料为 $5.0 \mu m$ ODS，柱长 200mm，内径 4.6mm 反相色谱柱或其他性能相近的色谱柱。

③ 振荡器：可调速。

④ 浓缩装置：旋转蒸发装置或 K-D 浓缩器、浓缩仪等性能相当的设备。

⑤ 分液漏斗：250mL。

（4）采集与保存

样品应采集在棕色玻璃容器中。水样应充满样品瓶并加盖密封，置于 4℃冰箱内避光保存。采样后应在 7 天内对样品进行萃取。

（5）分析步骤

① 试样的制备　用量筒量取 100mL 样品于 250mL 分液漏斗中，加入 5g 氯化钠摇匀。用 20mL 二氯甲烷分两次萃取，每次 10mL，于振荡器上充分振摇 5min。注意手动振摇放气。静置分层后，将有机相通过装有无水硫酸钠的漏斗，接至浓缩瓶中，注意无水硫酸钠充分淋洗。合并两次二氯甲烷萃取液。用浓缩仪浓缩至近干，用甲醇定容至 1.00mL，供分析。试样保存在 4℃冰箱中，在 40 天内分析完毕。

注意，样品在浓缩过程中，萃取液浓缩至近干时，应立即定容，否则阿特拉津会有较大损失。

② 参考色谱条件

a. 色谱柱：反相 ODS 柱；4.6mm×200mm，$5 \mu m$。

b. 流动相：甲醇：水＝70：30（体积分数）。

c. 流速：0.8mL/min。

d. 紫外检测波长：225nm。

e. 柱温：40℃。

f. 进样量：10.0μL。

③ 校准

a. 标准系列的制备：取不同量的阿特拉津标准使用溶液，用甲醇稀释，配制成浓度为 0.030μg/mL、0.050μg/mL、0.100μg/mL、0.500μg/mL、1.00μg/mL 的标准系列，储存在棕色小瓶中，于4℃冰箱中保存。

b. 初始标准曲线：通过自动进样器或样品定量环分别移取 5 种浓度的标准使用液 10μL，注入液相色谱仪中，得到不同浓度的阿特拉津的色谱图。以色谱响应值为纵坐标，阿特拉津的浓度为横坐标，绘制标准曲线。标准曲线的相关系数 $R \geqslant 0.999$。

④ 空白试验　在分析样品的同时，应做空白实验，即用蒸馏水代替水样。空白样品应经历样品制备和测定的所有步骤。检查分析过程中是否有污染。

（6）结果计算与表示

① 标准色谱图如图 2.12 所示。

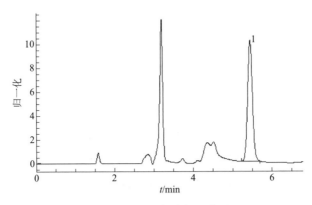

图 2.12　阿特拉津标准谱图

1—阿特拉津（5.282min）

② 定性分析　以样品的保留时间和标准溶液的保留时间相比来定性。用作定性的保留时间窗口宽度以当天测定标样的实际保留时间变化为基准。

③ 定量分析　用外标准曲线法按式（2.26）计算样品中的浓度：

$$\rho = \frac{m \times V_t}{V_s} \times 1000 \tag{2.26}$$

式中，ρ 为水样中阿特拉津的质量浓度，$\mu g/L$；m 为从校准曲线上查得阿特拉津的质量浓度，$\mu g/mL$；V_t 为萃取液浓缩定量后的体积，mL；V_s 为被萃取水样的体积，mL。

2.2.3.9 食品中莠去津残留量的测定

适用于使用过该除草剂的甘蔗和玉米中莠去津残留量的测定。本方法检出限为 0.03mg/kg，线性范围为 0.40～2.00ng。

（1）原理

试样中的莠去津用甲醇水（1＋1）振摇提取，过滤后，滤液用二氯甲烷-石油醚混合溶剂萃取，经石油醚-乙腈液液分配，硅镁吸附剂净化，用乙醚-石油醚淋洗，洗脱液浓缩后用正己烷定容。用气相色谱法-电子捕获检测器（ECD）测定，以保留时间定性，与标准系列的峰高比较定量。

（2）试剂

① 甲醇：重蒸馏。

② 二氯甲烷：重蒸馏。

③ 石油醚：沸程 60～90℃，重蒸馏。

④ 丙酮：重蒸馏。

⑤ 乙腈：重蒸馏。

⑥ 石油醚饱和的乙腈：100mL 乙腈中加入 20mL 石油醚，振摇 1min，待静置分层后，取下层乙腈备用。

⑦ 正己烷：重蒸馏。

⑧ 乙醚。

⑨ 无水硫酸钠。

⑨ 饱和氯化钠溶液。

⑪ 硅镁吸附剂：100～200 目，于 550℃ 下灼烧 5h，放在干燥器中保存。使用前取 100g 硅镁吸附剂加 10mL 蒸馏水减活化，平衡过夜，混匀备用。放置 2d 以上，用前再于 130℃ 加热活化 5h，按上述比例加水减活化后使用。

⑫ 莠去津标准溶液：准确称取莠去津（atrazine）标准品，用丙酮配制成 1mg/mL 标准储备液，于冰箱（4℃）中保存，使用时用正己烷稀释成 10μg/mL 的标准使用液。

（3）仪器和设备

① 带有电子捕获检测器的气相色谱仪。

② 电动振荡器、高速组织捣碎机、恒温水浴箱、小型粉碎机。

③ 全玻减压蒸馏装置或旋转蒸发器。

（4）分析步骤

① 试样预处理

a. 提取

（a）玉米：试样经粉碎并通过 20 目筛后，称取约 50g 试样，精确至 0.001g，置于 250mL 具塞锥形瓶中，加入 120mL 甲醇水（1＋1）于电动振荡器上振摇 30min，上清液用快速定性滤纸抽滤，滤液转入 250mL 容量瓶中，残渣再加 80mL 甲醇水（1＋1）振摇 30min，抽滤，合并滤液，用甲醇水（1＋1）定容至 250mL。

（b）甘蔗：根据取样规则取具有代表性的甘蔗试样，除去叶和浅表层污染物，用不锈钢刀切细后，称取约 50g 甘蔗试样，精确至 0.001g，置于高速组织捣碎机中，加入 100mL 甲醇水（1＋1）匀浆 0.5min，用铺有 200 目尼龙丝网的布氏漏斗抽滤，蔗渣用 100mL 甲醇水（1＋1）洗涤 3～4 次，抽滤，弃掉残渣。滤液再经快速滤纸过滤后转入 250mL 容量瓶中，用少量甲醇水（1＋1）洗涤漏斗和抽滤瓶，合并滤液和洗液，用甲醇水定容至 250mL。

（c）取 50.0mL 滤液（相当于 10g 试样）于 250mL 分液漏斗中，对玉米试样，加入 20mL 饱和氯化钠溶液和 30mL 蒸馏水；对于甘蔗试样，加入 50mL 饱和氯化钠溶液和 50mL 蒸馏水，用二氯甲烷-石油醚（3.5＋6.5）混合溶剂振摇提取 3 次，每次用混合溶剂 20mL，振摇 1min，合并上层二氯甲烷-石油醚提取液。若有乳化层，再加入 20mL 饱和氧化钠溶液振摇，待静置分层后，弃掉下层氯化钠溶液。提取液经盛有 10g 无水硫酸钠的漏斗滤入 100mL 圆底烧瓶中，用少量二氯甲烷分数次洗涤漏斗及其内容物，洗液并入滤液中。于 60℃±1℃ 恒温水浴上减压蒸去大部分溶剂，用氮气（N_2）或净化空气吹干溶剂。

b. 净化。

（a）石油醚-乙腈分配：用 30mL 石油醚分数次洗涤装有提取物的圆底烧瓶后，转入 125mL 分液漏斗中，再用 20mL 石油醚饱和的乙腈洗涤圆底烧瓶 2～3 次后转入该分液漏斗中，振摇提取 1min，静止分层，将下层乙腈转入另一 100mL 圆底烧瓶内，再用 20mL 石油醚饱和的乙腈提取石油醚层 1 次，振摇 1min，合并乙腈层，于 60℃±1℃ 恒温水浴上减压蒸去大部分乙腈，用氮气（N_2）或净化空气吹干。用 10mL 石油醚溶解残留物，供柱层析用。

（b）柱层析净化：于层析柱（内径 1～2cm）中装入 2g 无水硫酸钠，称取 10～15g 硅镁吸附剂，用 30mL 石油醚湿法装柱，柱上端铺 1cm 厚无水硫酸钠。将试样溶液小心转入层析柱上。当柱内液面降至吸附剂表面时，用80mL 乙醚-石油醚（1+2）淋洗，淋洗液分数次洗涤装有残留物的圆底烧瓶后，再转入层析柱中，洗脱速度0.5～1mL/min。收集洗脱液，于60℃±1℃恒温水浴上减压蒸去大部分溶剂，用氮气（N_2）或净化空气吹干。准确加2mL 正己烷溶解残留物，供测定用。

② 仪器分析　气相色谱条件：采用2m×3mm 不锈钢色谱柱，内装3％ OV-17，Chromosorb WAW DMCS（80～100 目），柱温195℃，进样口和检测室温度为230℃，氮气流速为30mL/min。或用2m×3mm 玻璃柱，内装涂渍3％OV-17 的 Gas Chrom Q（80～100 目），柱温为200℃，进样口和检测室温度为240℃，氮气流速为40mL/min。

③ 标准曲线的绘制　用莠去津标准使用液分别配制0μg/mL、0.20μg/mL、0.40μg/mL、0.60μg/mL、0.80μg/mL、1.00μg/mL 莠去津系列标准溶液，在上述气相色谱最佳测试条件下，分别取2.0μL 标准溶液注入气相色谱仪，各重复测定3次，以标准溶液的浓度为横坐标，以色谱峰高平均值为纵坐标，绘制标准曲线。

④ 测定　取2.0μL 净化后的试样溶液注入气相色谱仪，重复测定3次，测定试样的峰高平均值。以保留时间定性，根据标准曲线定量。

（5）分析结果

当试样和标准溶液进样量相同时，试样中莠去津的含量按式（2.27）计算：

$$X = \frac{cV_i}{m} \tag{2.27}$$

式中，X 为试样中莠去津的浓度，mg/kg；c 为由标准曲线查得的试样溶液中莠去津的浓度，μg/mL；V_i 为试样溶液的最终定容体积，mL；m 为用于测定的甲醇水提取液所相当的试样质量，g。

计算结果保留两位有效数字。

2.2.3.10　液相色谱串联质谱测定食品接触材料及制品中全氟辛烷磺酸（PFOS）和全氟辛酸（PFOA）的含量

适用于纸板盒类、橡胶类、聚乙烯类、塑料类、树脂类、不粘锅涂层等食品接触材料及制品中 PFOS 和 PFOA 的测定。

（1）原理

食品接触材料及制品中的 PFOS 和 PFOA 采用甲醇作为提取溶剂，加速溶剂萃取法提取，弱阴离子交换固相萃取柱净化，液相色谱分离，电喷雾离子源（ESI）电离，多反应监测模式（MRM）检测，同位素内标法定量。

（2）试剂和材料

实验用水为 GB/T 6682 规定的一级水。本标准中使用到的所有有机溶剂和材料，在使用前应进行空白实验，如本底值高于定量限，应对有机溶剂进行重蒸，更换试验材料，直至本底值低于定量限。

① 色谱纯：甲醇（CH_3OH）、乙腈（CH_3CN）。

② 优级纯：乙酸铵（CH_3COONH_4）。

③ 分析纯：冰乙酸（CH_3COOH）、氨水（$NH_3 \cdot H_2O$）。

④ 5mmol/L 乙酸铵：称取 0.385g 乙酸铵，用水溶解并定容至 1000mL，摇匀，过 $0.22\mu m$ 滤膜。

⑤ 0.1% 氨化甲醇：取 200mL 甲醇于 250mL 容量瓶内，准确移取 $250\mu L$ 氨水于甲醇中，甲醇定容，超声混匀。

⑥ 25mmol/L 乙酸铵缓冲液（pH＝4.0 ± 0.5）：取 0.385g 乙酸铵，用 180mL 水溶解，加冰乙酸调节至 pH＝4 ± 0.5，用水定容至 200mL。

⑦ 标准品

a. 全氟辛烷磺酸（PFOS）（$C_8HF_{17}O_3S$，CAS 号：1763-23-1），纯度≥99%，或经国家认证并授予标准物质证书的标准物质。

b. 全氟辛酸（PFOA）[$CF_3(CF_2)_6COOH$，CAS 号：335-67-1]，纯度≥98%，或经国家认证并授予标准物质证书的标准物质。

c. $1,2,3,4\text{-}^{13}C_4\text{-PFOS}$（MPFOS）和 $^{13}C_4\text{-PFOA}$（MPFOA）标准品溶液：浓度均为 $50\mu g/mL$。

⑧ 标准溶液配制

a. PFOS 和 PFOA 混合标准储备溶液：准确称取 PFOS 和 PFOA 各 5mg（精确至 0.00001g），用甲醇稀释定容至 100mL，配制成浓度均为 $50\mu g/mL$ 的 PFOS 和 PFOA 标准溶液。$-4℃$ 环境下保存。

b. PFOS 和 PFOA 混合标准工作溶液：吸取 PFOS 和 PFOA 标准溶液，用甲醇稀释，配制成 PFOS 和 PFOA 浓度分别为 100ng/mL 的混合标准工作溶液。$-4℃$ 环境下保存。

c. 同位素内标混合工作溶液：吸取 MPFOS 和 MPFOA 混合标准储备溶液，用甲醇稀释，配制成 MPFOS 和 MPFOA 浓度为 100ng/mL 的同位素内标混合工作溶液。$-4℃$ 环境下保存。

d. PFOS、PFOA 和同位素内标混合标准工作溶液：用甲醇稀释 PFOS、PFOA 混合标准工作液和同位素内标混合工作溶液，配制 PFOS 和 PFOA 浓度为 2ng/mL、5ng/mL、10ng/mL、20ng/mL 和 40ng/mL 的系列 PFOS、

PFOA 和同位素内标（内标浓度均为 2ng/mL）混合工作溶液。−4℃环境下保存。

⑨ 材料

a. 微孔滤膜：有机系，孔径 0.22μm。

b. 弱阴离子交换（Weak Anion Exchanger，WAX）固相萃取柱：150mg/6mL。

c. 液氮。

（3）仪器和设备

为降低高效液相色谱管道中引入的 PFOS 和 PFOA 的污染，需要对特氟龙材质管路替换为 PEEK 管路或不锈钢管路。

① 液相色谱-串联质谱仪：配有电喷雾离子源（ESI）。

② 天平：感量为 0.01mg。

③ 加速溶剂萃取仪、涡旋振荡器、氮吹仪、冷冻研磨机。

（4）分析步骤

① 试样制备　塑料类、硅胶类试样，剪碎至 5mm×5mm 以下，再用液氮冷冻粉碎机研磨成粉末状；树脂类打碎，再用液氮冷冻粉碎机研磨成粉末状；涂层类试样，用小刀刮下，再用液氮冷冻粉碎机研磨成粉末状；纸板盒类、聚乙烯类试样，用剪刀剪成 1cm×1cm 大小。

② 提取和净化

a. 提取：称取 1g（精确至 0.01g）试样，放入加速溶剂萃取池中，提取溶剂为甲醇，提取溶剂体积为 60% 的样品池体积，萃取温度为 110℃，加热时间 5min，平衡 5min，重复 2 次，萃取放液。

b. 净化：依次用 4mL0.1% 氨化甲醇、4mL 甲醇、4mL 水活化平衡 WAX 固相萃取柱后，将上述溶液转移至固相萃取柱内，加 25mmol/L 乙酸铵缓冲液 4mL 淋洗，0.1% 氨化甲醇 4mL 洗脱，收集洗脱液于 40℃下氮气吹干，1mL 甲醇复溶后过 0.22μm 微孔滤膜，LC-MS/MS 分析。

③ 液相色谱参考条件

a. 色谱柱：C18，柱长 150mm，内径 2.1mm，粒径 3μm，或同等性能色谱柱。

b. 柱温：40℃。

c. 进样量：10μL。

d. 流动相：5mmol/L 乙酸铵与乙腈的体积百分比、梯度洗脱条件见表 2.21。

e. 流速：0.2mL/min。

表 2.21　液相色谱梯度洗脱条件

时间/min	5mmol/L 乙酸铵/%	乙腈/%
0	90	10
2	40	60
4	20	80
10	0	100
12	0	100
14	90	10
15	90	10

④ 质谱参考条件

a. 离子源：电喷雾离子源（ESI）。

b. 扫描极性：负离子扫描。

c. 扫描方式：多反应监测（MRM）。

d. 电喷雾电压：$-4000V$。

e. 氮气（N_2）温度：325℃。

f. 氮气流速：12.0L/min。

g. 干燥气温度：250℃。

h. 干燥气流速：10.0L/min。

i. 监测离子对信息和碰撞能量等见表 2.22。

表 2.22　目标化合物的监测离子对信息和碰撞能量

化合物	母离子	子离子	碎裂电压/V	碰撞电压/eV	驻留时间/ms
PFOA	413.0	369.1[①]/169.0	−60	−5/−10	100/100
PFOS	499.1	80.0[①]/99.0	−100	−50/−50	100/100
MPFOA	417.1	372.0	−80	−5	100/100
MPFOS	503.1	99.1	−180	−5	100/100

① 定量离子（quantification ion）。

⑤ 定性测定　按上述条件测定试样和标准工作溶液，如果试样的质量色谱峰保留时间与标准物质一致，允许偏差为±2.5%；定性离子对的相对丰度与浓度相当的标准工作溶液的相对丰度一致，相对丰度允许偏差不超过表 2.23 规定的范围，则可判断样品中存在相应的被测物。

表 2.23　定性确证时相对离子丰度的最大允许偏差

相对离子丰度/%	>50	>20~50	>10~20	≤10
最大允许偏差/%	±20	±25	±30	±30

⑥ 标准曲线的制作　将系列 PFOS、PFOA 和同位素内标混合标准工作溶液分别注入液相色谱-串联质谱仪分析，以 PFOS（或 PFOA）的浓度为横坐标，PFOS（或 PFOA）的定量离子质量色谱峰面积与内标峰面积的比值为纵坐标，绘制标准曲线。PFOS 和 PFOA 的参考保留时间约为 4.65min 和 5.45min，MPFOS 和 MPFOA 的参考保留时间约为 4.65min 和 5.45min，见图 2.13。

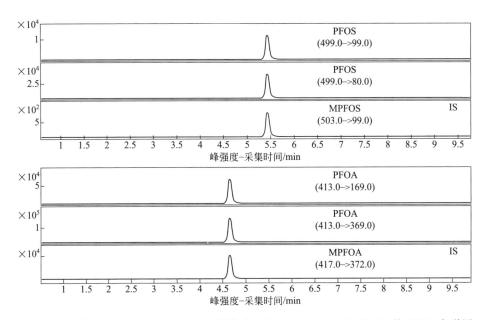

图 2.13　标准溶液（PFOS、PFOA）和同位素内标（MPFOS、MPFOA）的 MRM 色谱图

标准工作溶液和试样中 PFOS 和 PFOA 的响应值均应在仪器线性响应范围内，如果含量超过标准曲线范围，则重新取样，增加相应内标添加量，使内标浓度与待测液浓度相匹配，然后用甲醇稀释到适当浓度后分析。

⑦ 试样溶液的测定　将试样溶液注入液相色谱-串联质谱仪分析，得到 PFOS 和 PFOA 的峰面积，根据标准曲线得到试样中 PFOS 和 PFOA 的浓度。

（5）分析结果的表述

试样中 PFOS 和 PFOA 的含量按式（2.28）计算：

$$X = \frac{\rho V}{m} \tag{2.28}$$

式中，X 为试样中 PFOS 和 PFOA 的含量，ng/g；ρ 为依据标准曲线获得 PFOS（或 PFOA）的溶液浓度，ng/mL；V 为试样溶液体积，mL；m 为试样称样量，g。

结果保留两位有效数字。

（6）精密度和检出限

在重复性条件下获得的两次独立测定结果的绝对差值不得超过算术平均值的 20%。方法 PFOS 和 PFOA 的检出限均为 1.0ng/g，定量限均为 2.0ng/g。

第3章
POPs与生物分子相互作用的研究方法

3.1 紫外-可见吸收光谱法

紫外-可见吸收光谱法（ultraviolet-visible absorption spectrometry，UV-VIS）是根据溶液中物质的分子或离子对紫外和可见光谱区辐射能的吸收来研究物质的组成和结构的方法。

紫外光是波长 10～380nm 的电磁辐射，它可分为远紫外光（10～200nm）和近紫外光（200～380nm）。远紫外光能被大气吸收，不易利用。所以，这里讨论的紫外光，仅指近紫外光。可见光区则是指其电磁辐射能被人的眼睛所感觉到的区域，即波长为 400～780nm 的光谱区。紫外-可见吸收光谱法通常是指研究 200～780nm 光谱区域内物质对光辐射吸收的一种方法。

紫外吸收光谱法和可见吸收光谱法在基本原理和仪器构造方面基本相似，由于工作波段的不同导致所用仪器部件和分析对象的差异。紫外吸收光谱法不仅可用于无机化合物的分析，更重要的是许多有机化合物在紫外区具有特征的吸收光谱，从而可以用来进行有机物的鉴定及结构分析。

3.1.1 紫外-可见吸收光谱原理

可见吸收光谱法是利用物质的分子对光的选择性吸收进行定量测定的分析方法。即当一定波长的单色光照射有色物质溶液时，由于有色物质分子吸收一部分光能使透射光的强度减弱，记录照射前后光强度随波长的变化情况，即可得到该物质的吸收光谱。因为各种物质分子的组成和结构的差异，它们的吸收光谱也不同。

紫外吸收光谱法是基于分子中价电子（即 σ 电子、π 电子、杂原子上未成键的孤对 n 电子）吸收一定波长范围的紫外光而产生的分子吸收光谱，该光谱决定于分子的组成结构和分子中价电子的分布。因此，分子吸收光谱具有物质分子本身的特征性质，利用这种性质可对物质进行定性分析。

紫外-可见吸收光谱法定量分析的理论依据是朗伯-比尔定律。即当使一束单色光（I_0）照射溶液时，一部分光（I_t）通过溶液，而另一部分被溶液吸收。这种吸收是与溶液中物质的浓度（c）和液层的厚度（b）成正比的。它的数学表达式为：

$$A = \lg \frac{I_0}{I_t} = Kbc \qquad (3.1)$$

式中，K 为比例常数，与入射光的波长、物质的性质和溶液的温度等因素有关；A 为吸光度；c 为溶液的摩尔浓度，mol/L；b 为液层的厚度，cm。

3.1.1.1　紫外光谱图中常见的几种吸收带及光谱术语

（1）R 吸收带［来自德文 radikalartig（基团）］

由 n→π* 跃迁引起的吸收带，如 C＝O、—NO$_2$、—CHO。其特点 ε_{max}＜100，λ_{max} 一般在 270nm 以上。

（2）K 吸收带［来自德文 konjugierte（共轭）］

由 π→π* 跃迁引起的吸收带，如共轭双键。特点 ε_{max}＞10000。共轭双键增加，λ_{max} 向长波方向移动，ε_{max} 随之增大。

（3）B 吸收带［来自 benzenoid（苯系）］

由苯的 π→π* 跃迁引起的特征吸收带，其波长在 230～270nm 之间，中心在 254nm，ε_{max} 约为 204。

（4）E 吸收带［ethylenic（乙烯型）］

也属于 π→π* 跃迁。可分为 E$_1$ 和 E$_2$ 带，二者可以分别看成是苯环中的乙烯基及共轭双键所引起的。E$_1$ 带的 λ_{max} 约为 180nm，ε_{max}＞10000；E$_2$ 带的 λ_{max} 约为 200nm，2000＜ε_{max}＜14000。

（5）生色团

共价键不饱和原子基团，能引起电子光谱特征吸收，一般为带 π 电子的基团。如 C＝C、C＝O、C＝N、NO、NO$_2$ 等。

（6）助色团

饱和原子基团，本身在 200nm 以上没有吸收，但当它与发色基团连接时，可使发色团的最大吸收峰向长波方向移动，并且使强度增加。

3.1.1.2　电子跃迁类型

紫外-可见吸收光谱法的基本原理是在光的照射下待测样品内部的电子

跃迁。

（1）σ→σ* 跃迁和 n→σ* 跃迁

σ→σ* 跃迁指处于成键轨道上的 σ 电子吸收光子后被激发跃迁到 σ* 反键轨道，所需能量很大，不同物质具有不同的分子结构，对不同波长的光会产生选择性吸收，因而具有不同的吸收光谱。

n→σ* 指分子中处于非键轨道上的 n 电子吸收能量后向 σ* 反键轨道的跃迁，一般相当于 150～250nm 区域的辐射能，其中大多数吸收峰出现在低于 200nm 的真空紫外区。此能量相当于真空紫外区的辐射能。

（2）π→π* 跃迁和 n→π* 跃迁

π→π* 跃迁指不饱和键中的 π 电子吸收光波能量后跃迁到 π* 反键轨道。n→π* 跃迁指分子中处于非键轨道上的 n 电子吸收能量后向 π* 反键轨道的跃迁。n 电子和 π 电子比较容易激发，π* 轨道的能量又比较低，所以由这两类跃迁所产生的吸收峰波长一般都大于 200nm，有机化合物的紫外-可见吸收光谱的分析就是以这两种跃迁为基础的。电子跃迁所处的波长范围如图 3.1 所示。

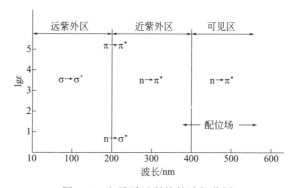

图 3.1　电子跃迁所处的波长范围

特殊的结构就会有特殊的电子跃迁，对应着不同的能量（波长），反映在紫外-可见吸收光谱图上就有一定位置、一定强度的吸收峰，根据吸收峰的位置和强度就可以推知待测样品的结构信息。

3.1.2　**紫外-可见分光光度法特点**

（1）灵敏度高

滴定分析和称量分析一般只适用于常量组分的测定，不能测定微量组分，而紫外-可见分光光度法可测 10^{-6}～10^{-5} mol/L，相当于含量为 0.0001％～0.001％的物质。

（2）准确度高

一般比色分析的相对误差为 5％～20％，紫外-可见分光光度法的相对误差为 2%～5%，虽不如滴定及称量分析（0.2%），但对微量组分的测定是符合要求的。如某样品中某组分的真实含量为 10μg/mL，用紫外-可见分光光度法分析测得结果为 9μg/mL，虽相对误差为 10%，其结果还是满意的，用化学分析法是无法完成测定的。

（3）操作简便，分析速度快

紫外-可见分光光度法的仪器操作十分简单，容易掌握。试样制成溶液后，一般经显色、测定就可以直接求出结果。在生产控制分析中，有的几分钟甚至数十秒就可以报出测定结果。

（4）仪器价格低廉，自动化程度高

现代的紫外-可见分光光度计一般都是数字显示，并且配备有工作站，可以直接对测定数据进行处理并报告出分析结果。

（5）应用广泛

大部分的无机离子和有机物，都可以直接或间接地用紫外-可见分光光度法进行测定，凡有分析任务的部门，紫外-可见分光光度计都是必不可少的。随着灵敏度、选择性更好的显色剂、掩蔽剂的研究，紫外-可见分光光度法的前景更加诱人。

3.1.3 影响紫外-可见分光光度法的因素

（1）酸度

酸度对显色反应的影响主要有以下几方面。

① 影响显色剂的浓度　有机显色剂大部分是有机弱酸，显色反应在进行时，首先是有机弱酸发生离解，然后才与金属离子反应形成配合物。酸度可以影响显色剂的离解程度，从而影响显色反应的进行。

② 影响金属离子的存在状态　有些金属离子，在一定的酸度下就会发生水解而沉淀，使显色反应无法进行。如 Al^{3+} 在 pH＝4 时发生水解生成 $Al(OH)_3$ 沉淀，使显色反应无法进行而影响 Al^{3+} 的测定。

③ 影响显色剂的颜色　显色反应中许多显色剂本身就是酸碱指示剂，如二甲酚橙，在 pH＞6.3 时呈红紫色，pH＜6.3 时呈亮黄色，pH＝6.3 时呈中间色，而二甲酚橙与金属离子的配合物呈红色。因此二甲酚橙只能在 pH＜6 的酸性溶液中才能作为金属离子的显色剂。

④ 影响配合物的组成和稳定性　有些配合反应在不同的酸度下，将生成不同配位比的配合物；而有些配合物在不同的酸度下，将会发生解离。

（2）显色时间的影响

显色后，一般须放置 5～10min，使颜色达到最深，吸光度达到稳定时，再去测定吸光度。显色后，也不能放置过久，因为部分有色配合物放置时间太长，溶液颜色会发生变化，从而使测定结果产生较大误差。

（3）温度影响

温度影响显色反应的速率，一般显色反应都在室温下进行。但有些显色反应需要在高温或低温下进行，为了保证测定的准确度，要求标准溶液和被测试液在相同的温度条件下进行显色测定。

（4）溶剂的影响

① 溶剂影响配合物的离解度　不少有机化合物在水中有较大的溶解度，而在有机溶剂中离解度较小，故在不少显色反应中加入一定的有机溶剂以减少配合物的离解，用的较多的是丙酮。如在 $Fe(SCN)_3$ 溶液中加入丙酮，不但降低了 $Fe(SCN)_3$ 的离解度，还使配合物的颜色加深，提高了测定的灵敏度。

② 溶剂影响配合物的颜色　溶剂改变配合物颜色的原因，是由于其极性不同，改变了配合物内部的状态或形成不同溶剂化物的结果。如 $Co(SCN)_4^{2-}$ 在水中无色，而在戊醇等有机溶剂中呈蓝色。

③ 溶剂影响反应速率　有些反应，在水中反应较慢，而在有机溶剂中则反应较快。如氯代磺酚 S 测定铌时，在水中显色需要几小时，加入丙酮后只需 30min。

（5）干扰离子的影响及消除

① 干扰离子的影响

a. 与试剂形成有色配合物。如硅钼蓝测定硅时，磷也能生成磷钼蓝而干扰。

b. 与试剂生成无色配合物。如磺基水杨酸测定铁（Fe^{3+}）时，Al^{3+} 也与磺基水杨酸作用生成无色配合物而消耗显色剂，从而使铁显色不完全而影响测定。

c. 干扰离子本身有颜色。如 Co^{2+}、Ni^{2+}、Cu^{2+} 等的存在都会对吸光度测定产生影响。

d. 干扰离子与被测离子形成无色配合物。如测定铁时，F^- 能与 Fe^{3+} 形成稳定的无色配合物而影响铁的测定。

② 干扰离子的消除

a. 控制酸度：控制酸度可以选择性地控制配合物的形成，从而消除干扰离子与显色剂或被测离子发生配合反应而产生的干扰。

b. 加入掩蔽剂：加入掩蔽剂可以消除有色离子或干扰离子与试剂反应而

产生的干扰。如免除铁的干扰可加入 NaF。

c. 选择适当的测量条件：选择被测物质有吸收而干扰物质不吸收的测定波长处进行测定，可以避免干扰物质吸收的影响。

（6）参比溶液的选择

在分光光度分析中测定吸光度时，需要一个参比溶液来调节仪器零点，选择合适的参比溶液能消除某些干扰，提高分析的准确度。在分析中常用的参比溶液有以下几种。

① 溶剂参比　当样品比较简单，无干扰时可以选择纯溶剂作参比来进行测定。

② 试剂参比　试剂参比又叫空白参比，多数情况下都采用试剂溶液作参比。所谓试剂参比就是与样品溶液进行平行操作，即加所有试剂，只是不加样品；试剂参比可以消除由于试剂不纯带入杂质而产生的影响。

③ 样品参比　当样品中含有某些有色离子或有色物质时，这些有色物质又不与显色剂发生反应的情况下，为消除有色物质的干扰，可以选择样品溶液作为参比。

④ 褪色参比　当样品基体与显色剂均有颜色时，使用试剂参比和样品参比。

3.1.4　紫外吸收光谱法在 POPs 与蛋白质相互作用中的应用

紫外吸收光谱法，也叫紫外分光光度法，它的原理是根据物质对不同波长的紫外线吸收程度不同而对物质组成进行分析的方法。由于该方法具有仪器简单、操作方便、准确度较高、可定量分析等优点，因此通过该方法实现蛋白质的测定、揭示蛋白质与持久性有机污染物（POPs）的相互作用等具有重要的意义。通过紫外吸收光谱法的测定，不但可以探究蛋白质与 POPs 之间的相互作用及动力学过程，而且还可以推断蛋白质分子在各种环境中的构象变化、色氨酸（Trp）或酪氨酸（Tyr）残基的微环境变化、蛋白质的变性以及蛋白质与 POPs 的作用机理等，从而进一步阐明蛋白质结构与功能的关系。

蛋白质是人们生活最基本的物质基础，同时也是构成机体的重要物质。不同蛋白质具有各种不同的生理功能，主要有调节生理功能，充当药物分子、维生素、矿物质与微量元素的载体，提供给机体所需能量的生理功能等。同时，蛋白质也是生物性状的直接表达者，其含量往往反映机体的健康状况，是临床检验中诊断疾病的重要依据，因此研究蛋白质的测定具有极其重要的意义。蛋白质的结构单元是 α 氨基酸。一些芳香族氨基酸在 $230\sim$ $310nm$ 波长范围内能够产生吸收峰，如酪氨酸（Tyr）、色氨酸（Trp）、苯丙氨酸（Phe）和半胱氨酸（Cys）。因此，可利用 POPs 与蛋白质分子结合前后，两者之一的吸收光谱的变化来判断 POPs 与蛋白质之间是否存在相互作用，并得到作用方式、热力学参数等信息，还可以进一步研究实验条件对热力学参数的影响。

在蛋白质的紫外吸收光谱中，一般在 210nm 处的峰是肽键的强吸收峰，280nm 处的峰是酪氨酸、色氨酸以及苯丙氨酸残基中共轭双键的吸收峰。根据峰形和峰位的变化即可判定小分子是否与蛋白质发生作用。POPs 与蛋白质分子发生结合作用后，若蛋白质的分子结构发生了一定程度的变化，表现在紫外吸收光谱上则是相应地出现了光谱的谱峰宽度或吸收峰位移发生了改变，可以在不经分离的情况下研究 POPs 与蛋白质间的结合机理。因此，紫外-可见吸收光谱是研究 POPs 与蛋白质相互作用最常用的方法之一。紫外吸收光谱法与荧光光谱法通常结合使用，通过两者重合的面积，计算小分子与白蛋白的距离，判断化合物是否镶嵌到白蛋白分子的内部。

在蛋白质分子中，其微环境因生色团（Trp）的吲哚基、Tyr 的酚基、Phe 的苯基的分布不同而不同，当生色团处于蛋白质分子表面时，溶剂的极性会对该基团产生一定的影响；当生色团处于蛋白质分子内部时，则该生色团相当于处在非极性溶剂的疏水环境中，而此时的非极性溶剂对该基团的吸收峰也会产生一定影响。蛋白质分子中微环境的性质由蛋白质分子的构象决定，即蛋白质分子构象的变化会导致其微环境发生改变，而微环境的变化则会导致其生色团的紫外吸收光谱发生改变，包括吸收光谱红移或蓝移，吸光度和谱带的变化。因此，根据紫外吸收光谱的变化可以推断肽链中的 Trp、Tyr 和 Phe 所处微环境的变化，进而可以推断出蛋白质分子在溶液中的构象变化。

血清白蛋白（serumalbumin）是人和哺乳动物体内血浆中含量最丰富的载体蛋白质，约占血浆总蛋白的 60%，平均浓度为 42g/L（0.63mmol/L），有着重要的生理功能。目前，血清白蛋白已成为研究最为广泛的一种蛋白质。近年来，关于药物小分子与血清白蛋白相互作用的研究已多有报道。黄汉昌和姜招峰利用紫外-可见吸收光谱法研究了芦丁与人血清白蛋白（HSA）的相互作用，实验结果显示，HSA 引起芦丁紫外-可见吸收光谱波峰红移；芦丁与 HSA 相互作用后，不引起 HSA 二级结构的改变，但对其三级结构有影响，同时对 HSA 荧光激发及发生光谱最大峰位及幅度有影响。孟丽艳等结合紫外吸收光谱法与荧光光谱法研究了中药小分子大黄酚与牛血清白蛋白在不同外界环境下的相互作用机制。结果表明，大黄酚的加入使牛血清白蛋白的紫外吸收发生明显的变化，结合荧光光谱的结果进一步表明了大黄酚对牛血清白蛋白的荧光猝灭是牛血清白蛋白基态分子之间生成基态配合物的静态猝灭。倪永年等在生理 pH＝7.4 条件下，应用光谱法研究药物小分子刺芒柄花素与牛血清白蛋白相互作用机理。通过荧光法和紫外吸收光谱法确定了刺芒柄花素对牛血清白蛋白的荧光猝灭机制。结果表明，刺芒柄花素的加入使 BSA 的紫外吸收发生了明显的变化，且吸收峰有红移现象；吸收强度随着药物浓度的增加而加强，说明药物与 BSA 发生了作用。

除此之外，紫外吸收光谱法在蛋白质的定量分析中也有着重要的应用。根据以上特性，采用小分子作为测定蛋白质的探针，这一过程简便、灵敏，因而被广泛应用。例如，稀土离子由于其具有丰富的光谱学特征，在研究生物大分子结构与功能关系中作为探针，推断蛋白质分子与金属离子结合部位的结构类型，进而给出蛋白质分子构象及构象动力学信息；染料探针又称色素探针，可用于辨别蛋白质分子中氨基的状态、蛋白质分子的活性区，可检测皮摩尔（pmol）级的蛋白质。目前，蛋白质与小分子相互作用的机理广泛采用紫外光谱法进行研究。

3.2 荧光分光光度法

当紫外线照射到某些物质的时候，物质会发射出各种颜色和不同强度的可见光，而当紫外线停止照射时，所发射的光线也随之很快地消失，这种光线被称为荧光。近十几年来，在激光、微处理机、电子学、光导纤维和纳米材料等方面的一些新技术的引入，大大推动了荧光分析法在理论和应用方面的进展，促进了诸如同步荧光测定、导数荧光测定、时间分辨荧光测定、相分辨荧光测定、荧光偏振测定、荧光免疫测定、低温荧光测定、固体表面荧光测定、近红外荧光分析法、荧光反应速率法、三维荧光光谱技术、荧光显微与成像技术、空间分辨荧光技术、荧光探针技术、单分子荧光检测技术和荧光光纤化学传感器等荧光分析方面的新技术的发展。

3.2.1 荧光光谱原理

荧光是一种光致发光现象，由于分子对光的选择性吸收，不同波长的入射光便具有不同的激发效率。如果固定荧光的发射波长（即测定波长）而不断改变激发光（即入射光）的波长，并记录相应的荧光强度，所得到的荧光强度对激发波长的谱图称为荧光的激发光谱（简称激发光谱）。如果使激发光的波长和强度保持不变，而不断改变荧光的测定波长（即发射波长）并记录相应的荧光强度，所得到的荧光强度对发射波长的谱图则为荧光的发射光谱（简称发射光谱）。激发光谱反映了在某一固定的发射波长下所测定的荧光强度对激发波长的依赖关系；发射光谱反映了在某一固定的激发波长下所测量的荧光的波长分布。激发光谱和发射光谱可用以鉴别荧光物质，并可作为进行荧光测定时选择合适的激发波长和测定波长的依据。

（1）荧光猝灭作用

荧光猝灭或称荧光熄灭，广义地说是指任何可使荧光量子产率降低（即使荧光强度减弱）的作用。这里指的是荧光物质分子与溶剂或溶质分子之间所发生的导致荧光强度下降的物理或化学作用过程。与荧光物质分子相互作用而引起荧光强度下降的物质，称为荧光猝灭剂。猝灭过程实际上是与发光过程相互竞争从而缩短发光分子激发态寿命的过程。猝灭过程可能发生于猝灭剂与荧光物质的激发态分子之间的相互作用，也可能发生于猝灭剂与荧光物质的基态分子之间的相互作用。前一种过程称为动态猝灭，后一种过程称为静态猝灭。在动态猝灭过程中，荧光物质的激发态分子通过与猝灭剂分子的碰撞作用，以能量转移的机制或电荷转移的机制丧失其激发能而返回基态。由此可见，动态猝灭的效率受荧光物质激发态分子的寿命和猝灭剂的浓度所控制。静态猝灭的特征是猝灭剂与荧光物质分子在基态时发生配合反应，所产生的配合物通常是不发光的，即使配合物在激发态时可能离解而产生发光的型体，但激态复合物的离解作用可能较慢，以致激态复合物经由非辐射的途径衰变到基态的过程更为有效。另一方面，基态配合物的生成也由于与荧光物质的基态分子竞争吸收激发光（内滤效应）而降低了荧光物质的荧光强度。

（2）敏化荧光法

敏化荧光法也称荧光增强法，与荧光猝灭法相同，都是一种常见的测量小分子与蛋白质之间相互关系的常见方法。多数小分子都会有荧光效果，小分子与蛋白质两者作用后会使荧光发生变化，比如使荧光增强或者出现新的荧光峰。此种方法的优点在于光谱干扰小，因此在研究小分子与蛋白质相互作用时的应用较多。

如果待测物质不发荧光，可以通过选择合适的荧光试剂作为能量受体，在被测物质受激发后，通过能量转移的办法，经由一系列的能量转移过程，将激发能传递给能量受体，使能量受体分子被激发，再通过测定能量受体所发射的发光强度，也可以对被测物进行间接测定。

对于浓度很低的被测物质，如果采用一般的荧光测定方法，其荧光信号可能太弱而无法检测。如果能够寻找到某种合适的敏化剂，并加大其浓度，在敏化剂与分析物质紧密接触的情况下，经激发敏化剂后，在敏化剂与分析物质之间的激发能转移效率很高，这样一来便能大大提高分析物质测定的灵敏度。

关于敏化荧光法的处理有两种方程：

$$F/Q = F_\infty/K_d - F/K_d \qquad (3.2)$$

式中，F 为测定荧光强度；F_∞ 为小分子与蛋白质相互作用的荧光强度饱和值；K_d 为配合物解离常数；Q 为总小分子浓度。

$$(\Delta F - F_A) - 1 = (F_b - F_A)[1 + 1/K_A(nP_t - M_b)] \qquad (3.3)$$

式中，ΔF 为蛋白质溶液加入小分子后的荧光强度与给体的荧光强度差；F_A 为自由受体的荧光强度；F_b 为结合到蛋白质上的配体对荧光的贡献；K_A 为生成常数；n 为结合位点数；P_t 为总蛋白质浓度；M_b 为结合在生物大分子上的配体浓度。

对于蛋白质与小分子的相互作用只存在单一结合位点时，利用荧光加强效应公式：

$$\frac{1}{\Delta F} = \frac{1}{\Delta F_{max}} + \frac{1}{KQ} \times \frac{1}{\Delta F_{max}} \qquad (3.4)$$

$$\Delta F = F_X - F_0$$

$$\Delta F_{max} = F_\infty - F_0$$

式中，F_X 为加入小分子时的荧光强度；F_∞ 为小分子与蛋白质相互作用的荧光强度饱和值；K 为键合常数；Q 为小分子浓度。

用 $1/(F - F_0)$ 对 $1/Q$ 作图，获得图像可得两者相互作用位点。

（3）同步荧光分析法

荧光技术灵敏度高，但常规的荧光分析法在实际应用中往往受到限制，对一些复杂混合物分析常遇到光谱互相重叠、不易分辨的困难，需要预分离且操作烦琐。与常规荧光分析法相比，同步荧光分析法具有简化谱图、提高选择性、减少光散射干扰等特点，尤其适合多组分混合物的分析。同步荧光常用的荧光测定方法最大的区别是同时扫描激发和发射两个单色器波长，由测得的荧光强度信号与对应的激发波长（或发射波长）构成光谱图，称为同步荧光光谱。而在常规的发光（荧光或磷光）分析中，则是固定发射或激发波长，而扫描另一波长，如此获得的是两种基本类型的光谱，即激发光谱和发射光谱。

同步荧光法是由 Lloyd 首先提出的，可以了解小分子对蛋白质分子结构的影响，它与常用的荧光测定方法最大的区别是同时扫描激发和发射两个单色器波长。由测得的荧光强度信号与对应的激发波长（或发射波长）构成光谱图。同步荧光法按光谱扫描方式的不同可分为恒波长分析法、恒能量分析法、可变角分析法和恒基体分析法。

① 恒波长分析法　在扫描过程中使激发波长和发射波长彼此间保持固定的波长间隔（$\Delta\lambda = \lambda_{em} - \lambda_{ex} =$ 常数）。在恒波长同步荧光法中，$\Delta\lambda$ 的选择十分重要，这将直接影响到同步荧光光谱的形状、带宽和信号强度。

② 恒能量分析法　在激发波长（λ_{ex}）和发射波长（λ_{em}）的同时扫描过程中保持两者一恒定的能量差。在提高分析测量灵敏度方面均有显著效果，具有独特的优点。

③ 可变角分析法　在测绘同步光谱时，使激发和发射两个单色器以不同的速率或方向同时扫描。导数技术与可变角同步荧光法的联用可进一步提高分析的灵敏度和选择性。

（4）荧光偏振

这是一项相对较为成熟的技术。它利用荧光偏振原理，采用竞争结合法机制，常用来监测小分子物质如激素在样本中的含量。以小分子检测为例，以荧光素标记的小分子和含待测小分子的样本为抗原，与一定量的抗体进行竞争性结合。荧光标记的小分子在环境中旋转时，偏振荧光的强度与其受激发时分子转动的速度成反比。大分子物质旋转慢，发出的偏振荧光强；小分子物质旋转快，其偏振荧光弱（去偏振现象）。因此，在竞争性结合过程中，样本中待测小分子越多，与抗体结合的标志抗原就越少，抗原抗体复合物体积越大，旋转速率越慢，从而激发的荧光偏振光度也就越少。当我们知道了已知浓度的标记抗原与荧光偏振光性的关系后就可以测量未知浓度的物质。因此，这项技术可用来检测环境或食品样品中有毒物质如农药的残留量。

荧光偏振在生化研究中主要应用确定蛋白质变性、细胞内黏度测定、配体与蛋白质的反应程度、研究酶的变构效应、蛋白质解离和聚合的测定、免疫研究应用。

3.2.2　荧光光谱法特点

（1）灵敏度高

荧光分析法之所以发展如此迅速，应用日益广泛，其原因之一是荧光分析法具有很高的灵敏度。在微量物质的各种分析方法中，应用最为广泛的至今仍首推比色法和分光光度法。但在方法的灵敏度方面，荧光分析法的灵敏度一般要比这两种方法高 2～3 个数量级。在分光光度法中，由吸光度的数值来测定试样溶液中吸光物质的含量，而吸光度的数值则取决于溶液的浓度、光程的长度和该吸光物质的摩尔吸光系数，几乎与入射光的强度无关。在荧光分析中，是由所测得的荧光强度来测定试样溶液中荧光物质的含量，而荧光强度的测量值不仅和被测溶液中荧光物质的本性及其浓度有关，而且与激发光的波长和强度以及荧光检测器的灵敏度有关。加大激发光的强度，可以增大荧光强度，从而提高分析的灵敏度。不过对于光敏物质来说，激发光强度的增大程度应有所限制，否则会加大荧光物质的光解作用。

（2）选择性高

这主要是对有机化合物的分析而言。吸光物质由于内在本质的差别，不一定都会发荧光，况且，发荧光的物质彼此之间在激发波长和发射波长方面可能有所差异，因而通过选择适当的激发波长和荧光测定波长，便可能达到选择性测定的目的。此外，由于荧光的特性参数较多，除量子产率、激发波长与发射波长之外，还有荧光寿命、荧光偏振等。因此还可以通过采用同步扫描、导数光谱、三维光谱、时间分辨和相分辨等一些荧光测定的新技术，进一步提高测定的选择性。

（3）其他优点

动态线性范围宽，方法简便，重现性好，取样量少，仪器设备不复杂等，也是荧光分析法的优点。

（4）不足之处

由于不少物质本身不发荧光，不能进行直接的荧光测定，从而妨碍了荧光分析应用范围的扩展，因此，对于荧光的产生与化合物结构的关系还需要进行更深入的研究，以便合成为数更多的灵敏度高、选择性好的新荧光试剂，使荧光分析的应用范围进一步扩大。

3.2.3 影响荧光光谱法的因素

虽然物质产生荧光的能力主要取决于其分子结构，然而环境因素尤其是介质对分子荧光可能产生强烈的影响。了解和利用环境因素的影响，有助于提高荧光分析方法的灵敏度和选择性。

（1）溶剂性质的影响

同一种荧光体在不同的溶剂中，其荧光光谱的位置和强度可能发生显著的变化。由于溶液中溶质与溶剂分子之间存在静电相互作用，而溶质分子的基态与激发态又具有不同的电子分布，从而具有不同的偶极矩和极化率，导致基态和激发态两者与溶剂分子之间的相互作用程度不同，这对荧光的光谱位置和强度有很大影响。

（2）介质酸碱性的影响

如果荧光物质是一种有机弱酸或弱碱，该弱酸或弱碱的分子及其相应的离子，可视为两种不同的型体，各具有不同的荧光特性（如不同的荧光光谱、荧光量子产率或荧光寿命），溶液的酸碱性变化将使荧光物质的两种不同型体的比例发生变化，从而对荧光光谱的形状和强度产生很大的影响。

（3）温度的影响

温度对于溶液的荧光强度有着显著的影响。通常随温度的降低，溶液的荧光量子产率和荧光强度将增大。有些荧光物质在溶液的温度上升时不仅荧光量子产率下降，而且吸收光谱也发生显著变化，这表示在该情况下荧光量子产率的下降涉及分子结构的改变。

（4）重原子效应

有一类溶剂效应，可能影响到溶质的荧光强度和磷光强度，但对跃迁的频率没有可觉察的影响。这一类溶剂效应，既不是由于溶剂的极性，也不是由于溶剂的氢键性质所引起的，而是由于溶剂分子中含有高原子序的原子所造成的。这种效应，即通常所说的"重原子效应"。

3.2.4 荧光光谱法在POPs与蛋白质相互作用中的应用

由物质分子吸收光谱和荧光光谱能级跃迁机理，利用某些物质具有吸收光子能力在特定波长光照射下可发射出荧光，再用荧光光谱对物质进行定性、定量分析。但外界因素对其荧光强度结果有一定的影响。荧光分析所用的设备较简单，且最大特点是：分析灵敏度高、选择性强和使用简便。POPs与蛋白质相互作用具有广泛应用，通过荧光光谱法测量可以推断蛋白质在各种环境下的构象变化，从而阐明POPs对蛋白质结构与功能的影响。

当某些物质受到特定波长照射时，会发射出各种颜色和不同强度的可见光，当停止照射时，所发射的光线会随即消失，利用荧光光谱和吸收光谱的技术和手段，研究POPs与蛋白质的相互作用计算获得的参数和一些外界条件与两者结合的影响。

利用荧光光谱法研究蛋白质，一般有两种方法：一是测定蛋白质分子的自身荧光，另一种是当蛋白质本身不能发射荧光时，通过一些手段向蛋白质分子的特殊部位引入外源荧光，然后测定外源荧光物质的荧光。光照射到某些原子时，光的能量使原子核周围的一些电子由原来的轨道跃迁到了能量更高的轨道，即从基态跃迁到第一激发单线态或第二激发单线态等。第一激发单线态或第二激发单线态等是不稳定的，所以会恢复基态，当电子由第一激发单线态恢复到基态时，能量会以光的形式释放，所以产生荧光。

荧光光谱法是测定小分子配体与生物大分子相互作用中最普遍的一种手段，因为它允许我们在生理条件下对低浓度的物质进行非扰动性的测量。通过测定和分析发射峰，能量转移效率、荧光寿命、荧光极化率以及其他信息都能获得，这主要取决于其结构波动和微环境的改变。另外，荧光测定还能给出小分子物质与蛋白质结合的分子水平的信息，如结合机理、结合模式、结合常数以及分子间的结合距离。

对于血清白蛋白来说，其固有荧光主要源于含有芳香性基团的氨基酸残基如色氨酸、酪氨酸和苯丙氨酸。BSA 分子由 582 个氨基酸残基组成，它有两个色氨酸残基拥有固有荧光——色氨酸 134（Trp-134）和色氨酸 212（Trp-212）。色氨酸 212 位于牛血清白蛋白的疏水结合空腔内，这与人血清白蛋白的唯一色氨酸残基（色氨酸 214）很相似，而色氨酸 134 则位于分子的表面。在 295nm 的激发波长下，BSA 的内源荧光几乎全部来自于色氨酸，这是因为苯丙氨酸具有很低的量子产率，而酪氨酸被电离后或者接近氨基、羧基时，其荧光几乎完全猝灭。蛋白质分子固有荧光的一个显著特点就是色氨酸分子对其周围微环境的高度敏感性。色氨酸分子发射光光谱的改变与蛋白质的构象改变、底物结合、亚单元结合以及蛋白质的变性均有直接的联系。因此，蛋白质的固有荧光能够提供许多关于结构与动力学方面的信息，并且经常被应用于研究蛋白质的折叠与结合反应。

荧光光谱法是研究小分子与蛋白质相互作用的重要手段。通过研究小分子和蛋白相互作用前后的发色团（小分子的荧光或蛋白质的荧光）的光谱信号（荧光强度、荧光峰的特征波长）的变化来研究二者的相互作用。其中荧光猝灭法在研究小分子与蛋白质相互作用中是应用最多的一种方法。广义地说，荧光猝灭是指任何可使荧光强度降低的现象。但是狭义的定义仅指由于荧光物质分子与溶剂分子或其他溶质分子的相互作用所引起的荧光强度降低的现象。血清白蛋白的结构中含有三种芳香族氨基酸：色氨酸（Tryptophan，Trp）、酪氨酸（Tyrosine，Tyr）及苯丙氨酸（Phenylalanine，Phe），在280nm 或 295nm 的紫外光照射下能发出荧光波长为 340nm 左右的荧光。随加入的小分子浓度的增加，血清蛋白的荧光逐渐降低，即荧光被猝灭。根据猝灭的结果判断猝灭类型，并计算出结合常数、结合位点数、结合距离、作用力类型等。

（1）小分子对蛋白质荧光的猝灭类型

小分子对蛋白质荧光的猝灭可以分为动态猝灭（又称碰撞猝灭）和静态猝灭两种。动态猝灭是指猝灭剂在荧光寿命期间与荧光物相互作用而导致荧光物由激发态返回到基态，不发射荧光。它反映了荧光体与荧光猝灭剂在动态猝灭过程中彼此扩散和相互碰撞到达平衡时的量效关系。这一过程用 Stern-Volmer 方程来描述。

Stern-Volmer 方程的推导如下：荧光体所发射的荧光强度正比于它的激发态浓度 $[F^*]$，在连续激发光的照射下可将激发态荧光体的浓度看作常数，所以得到 $d[F^*]/dt=0$，其中 d 表示微小的变化，t 表示时间。当存在或不存在猝灭体时，表示 $[F^*]$ 的方程如下：

$$d[F^*]/dt=f(t)-\Gamma[F^*]_0=0 \tag{3.5}$$

$$d[F^*]/dt=f(t)-(\Gamma-K_q[Q])[F^*]=0 \tag{3.6}$$

式中，$f(t)$ 为恒定的激发态函数；Γ 为不存在猝灭体时荧光体的衰退速率；K_q 为由扩散过程控制的猝灭体对荧光体动态（碰撞）猝灭过程的双分子动态猝灭过程常数；$[Q]$ 为猝灭体的总浓度。从以上两个方程可以得到：

$$F_0/F=\{\Gamma+K_q[Q]\}/\Gamma=1+K_q\tau_0[Q]=1+K_{SV}[Q] \tag{3.7}$$

即
$$F_0/F=1+K_q\tau_0[Q]=1+K_{SV}[Q] \tag{3.8}$$

式（3.8）为 Stern-Volmer 方程。式中 F_0 和 F 分别为不存在猝灭剂和猝灭剂浓度为 $[Q]$ 时荧光体的荧光强度；K_q 为动态猝灭速率常数，各类荧光猝灭剂对生物大分子的最大动态荧光猝灭速率常数约为 2.0×10^{10} L/(mol·s)；τ_0 为没有猝灭剂存在时荧光体的平均寿命，生物大分子的荧光平均寿命取 10^{-8}s；K_{SV} 为 Stern-Volmer 动态猝灭常数。对于动态猝灭，温度的升高将增加有效碰撞的离子数和加剧电子的转移过程，使荧光物种的猝灭常数随着温度的升高而增大。

存在和不存在猝灭体时荧光体的荧光寿命 τ 和 τ_0 分别有以下关系：

$$\tau_0=\Gamma^{-1} \tag{3.9}$$

$$\tau=(\Gamma+K_q[Q])^{-1} \tag{3.10}$$

在动态猝灭过程中得到：$F_0/F=1+K_q\tau_0[Q]=\tau_0/\tau$ (3.11)

式（3.11）说明，动态（碰撞）猝灭过程是猝灭体降低荧光体激发态的数量的过程。动态（碰撞）猝灭过程的重要特性就是猝灭过程降低了激发态的数量，使荧光体的寿命减小，而且荧光体荧光寿命的减小和荧光强度的减小比例相等。

静态猝灭是指猝灭剂和荧光体在基态时发生作用，生成不发荧光的复合物从而导致荧光体荧光强度降低的过程，静态猝灭中温度的升高将降低复合物的稳定性使猝灭常数减少。这一过程遵守 Perrin 方程。

$$\ln(F_0/F)=K_P[Q] \tag{3.12}$$

式中，K_P为静态猝灭常数；$[Q]$为猝灭剂浓度。

动态猝灭和静态猝灭的区别有：①由于动态猝灭依赖于扩散运动，随温度升高扩散运动加快，则动态猝灭常数K_{SV}将随温度的升高而增大，而静态猝灭中K_{SV}将随着温度的升高而减小，故可以利用同一体系不同温度的测量结果互相比较就可以给出猝灭剂与荧光之间的猝灭类型。②利用$K_{SV}=K_p \cdot \tau_0$可以求得双分子动态猝灭速率常数K_P，猝灭剂对生物大分子的最大扩散猝灭常数约为$2.0 \times 10^{10} \, \text{L/(mol} \cdot \text{s)}$时，可以推断动态猝灭不应该是引起荧光体荧光猝灭的主要原因。③由于动态猝灭只影响到荧光体分子的激发态，因而并不改变荧光体的吸收光谱的改变，所以可以仔细观察含与不含小分子时蛋白质的吸收光谱有无改变来判别猝灭类型。

（2）小分子与蛋白质的结合常数和结合位点数

在小分子对蛋白质的荧光猝灭为静态猝灭的情况下，小分子与蛋白质形成了复合物。小分子与蛋白质结合时，往往具有多个结合位点，据其形成复合物的稳定程度，结合位点大致分为两类：高亲和结合位点；低亲和结合位点。

假设小分子在蛋白质分子上有n个相同且独立的结合位点，则结合反应表示为：

$$nQ + P \longrightarrow Q_n P \tag{3.13}$$

$$K_A = [Q_n P]/([Q]^n [P]) \tag{3.14}$$

式中，Q表示小分子；P表示蛋白质；$[P]$表示游离蛋白质的浓度；$Q_n P$表示复合物；$[Q_n P]$表示复合物浓度；K_A为结合常数；n为结合位点数。

对式（3.14）进行数学变换得到：

$$\lg K_A = \lg([Q_n P]/[P]) - n \lg[Q] \tag{3.15}$$

若蛋白质总浓度为$[P_0]$，则$[Q_n P] = [P_0] - [P]$；且静态猝灭中荧光体系的荧光强度F与其游离浓度成正比，由此得到：

$$[P]/[P_0] = [P]/([P] + [Q_n P]) = [F]/[F_0] \tag{3.16}$$

将式（3.15）代入式（3.16）可获得求算结合常数K_A和n的公式：

$$\lg[(F_0 - F)/F] = \lg K_A + n \lg[Q] \tag{3.17}$$

也有些文献中通过 Lineweaver-Burk 双倒数公式求结合常数和结合位点数。

（3）小分子与蛋白质的结合距离

Forster 推导出了求荧光给体-受体通过偶极-偶极无辐射能量转移理论。

当两种化合物分子满足以下条件时，将发生非辐射能量转移：①供能体发荧光；②供能体的荧光发射与受能体的吸收光谱有足够的重叠；③供能体与受能体足够接近，最大距离不超过7nm。由此可以求出小分子化合物和蛋白质分子的结合位置相对于发射荧光的基团之间的距离。能量转移效率（E）与给体和受体间的距离（r）及临界能量转移距离（R_0）有关。它们之间有如下关系式：

$$E = R_0^6 / (R_0^6 + r^6) = 1 - F/F_0 \qquad (3.18)$$

R_0 为能量转移效率（E）为 50% 的临界距离，亦称为 Forster 距离。

$$R_0^6 = 8.8 \times 10^{-25} K^2 N^{-4} \Phi J \qquad (3.19)$$

式中，K^2 为偶极空间取向因子，可取受能体和供能体各向随机分布的平均值的 2/3；Φ 为供能体荧光量子产率，在本实验条件下取蛋白质中色氨酸的量子产率 0.118；N 为介质折射指数，一般取水和有机物折射指数的平均值 1.336；J 为光谱重叠积分，表示供能体的荧光发射光谱与受体的吸收光谱间的重叠。对于 Φ 值的应用，在不同的温度、pH 条件下有一些差别。不同 pH 值时 HSA 的量子产率，当 pH 为 6.5 时 $\Phi = 0.19$。但是，以 Trp 溶液 $\Phi = 0.14$ 作为标准，测得 pH 为 6.4 时，HSA 的 $\Phi = 0.132$。

$$J = [\int F(\lambda)\varepsilon(\lambda)\lambda^4 d\lambda] / [\int F(\lambda)d\lambda] = [\sum F(\lambda)\varepsilon(\lambda)\lambda^4 \Delta\lambda] / \sum F(\lambda)\Delta\lambda$$

$$(3.20)$$

式中，$F(\lambda)$ 为荧光供能体在波函数为 λ 的荧光强度；$\varepsilon(\lambda)$ 为受能体在波数为 λ 时的摩尔吸光系数。

根据 BSA 和小分子的摩尔比为 1:1 时 BSA 的发射光谱与作用小分子的吸收光谱的重叠，采用矩形分割法求出两光谱重叠区域的积分值。由式（3.19）求出临界距离，由式（3.20）求出能量转移效率和荧光体与猝灭体的距离。

（4）小分子对蛋白质构象的影响

为了探讨小分子的结合是否影响白蛋白的构象，常用的光谱技术是同步荧光光谱扫描技术。同步扫描技术与常用的荧光测定方法不同，这种技术是在同时扫描两个单色器波长的情况下测绘光谱，由测得的荧光强度信号与对应的激发波长（或荧光波长）构成光谱图。该技术能给出发光基团分子附近的微环境信息。应用同步荧光光谱法，除了具有荧光法的灵敏度较高的特点，还有几个较突出的优点：使光谱简化，使光谱带窄化，减小光谱的重叠现象等。陈国珍等提出通过测定最大发射波长可能发生的位移可以研究氨基酸残基所处的环境，最大发射波长的位移对应于发光基团分子周围环境极性的变化。对于蛋白质的同步荧光光谱，当激发波长和发射波长的间隔为 $\Delta\lambda =$ 15nm 或 20nm 时只显示蛋白质 Tyr 残基的光谱特性，而波长的间隔为 $\Delta\lambda =$ 60nm 时仅表现出 Trp 残基的荧光。

（5）小分子与蛋白质结合的热力学与动力学

小分子与蛋白质分子之间的弱相互作用力包括氢键、静电作用、范德华力、疏水作用力等。焓变（ΔH）、熵变（ΔS）等热力学参数对小分子与白蛋白结合力的确定有着很重要的作用。

温度范围不大时，把焓变看成不随温度而变的常数，得到反应的结合常数随温度变化的关系式：

$$\ln(K_1/K_2) = \Delta H(1/T_1 - 1/T_2)/R \tag{3.21}$$

反应的吉布斯自由能与结合常数之间的关系为：

$$\Delta S = (\Delta H - \Delta G)/T \tag{3.22}$$

Ross 等对于蛋白质作用的体系热力学参数变化与结合方式之间的关系都做了阐述。如果 ΔS、ΔH 都为正，一般都被认为小分子-蛋白质的结合主要是通过疏水力；若 ΔS 为正、ΔH 为负，在水溶液中分子样品之间的静电引力将是主要的结合力；若 ΔS 为负、ΔH 为负，则范德华力为主要的作用力；ΔH 较小或等于零，氢键将成为主要的作用力。当然，在蛋白质-小分子复合物的形成过程中，有很多情况下不仅仅是一种力作用的结果，而是几种作用力协同作用的结果。

3.3 红外分光光度法

分子的振动能量比转动能量大，当发生振动能级跃迁时，不可避免地伴随有转动能级的跃迁，所以无法测量纯粹的振动光谱，而只能得到分子的振动-转动光谱，这种光谱称为红外光谱。

红外光谱属于分子吸收光谱。当样品受到频率连续变化的红外光照射时，分子吸收了某些频率的辐射，并由其振动或转动运动引起偶极矩的净变化，产生分子振动和转动能级从基态到激发态的跃迁，相应于这些区域的透射光强减弱，记录百分透过率对波数或波长的曲线，即红外光谱。

3.3.1 红外光谱原理

（1）产生红外吸收的条件

① 能量相等条件　振动或转动能级跃迁的能量与红外辐射光子能量相等。红外吸收光谱是分子振动能级跃迁产生的。因为分子振动能级差为 0.05～

1.0eV，比转动能级差（0.0001～0.05eV）大，因此分子发生振动能级跃迁时，不可避免地伴随转动能级的跃迁，因而无法测得纯振动光谱，但为了讨论方便，以双原子分子振动光谱为例说明红外光谱产生的条件。若把双原子分子（A-B）的两个原子看作两个小球，把连接它们的化学键看成质量可以忽略不计的弹簧，则两个原子间的伸缩振动，可近似地看成沿键轴方向的简谐振动。

② 耦合作用（能量传递条件）　为满足辐射与物质之间有耦合作用这个条件，分子振动必须伴随偶极矩的变化。红外跃迁是偶极矩诱导的，即能量转移的机制是通过振动过程所导致的偶极矩的变化和交变的电磁场（红外线）相互作用发生的。分子由于构成它的各原子的电负性的不同，也显示不同的极性，称为偶极子。通常用分子的偶极矩（μ）来描述分子极性的大小。当偶极子处在电磁辐射的电场中时，该电场作周期性反转，偶极子将经受交替的作用力而使偶极矩增加或减少。由于偶极子具有一定的原有振动频率，显然，只有当辐射频率与偶极子频率相匹配时，分子才与辐射相互作用（振动耦合）而增加它的振动能，使振幅增大，即分子由原来的基态振动跃迁到较高振动能级。因此，并非所有的振动都会产生红外吸收，只有发生偶极矩变化（$\Delta\mu\neq0$）的振动才能引起可观测的红外吸收光谱，该分子具有红外活性；$\Delta\mu=0$ 的分子振动不能产生红外吸收光谱，具有非红外活性。

当一定频率的红外光照射分子时，如果分子中某个基团的振动频率和它一致，二者就会产生共振，此时光的能量通过分子偶极矩的变化而传递给分子，这个基团就吸收一定频率的红外光，产生振动跃迁。如果用连续改变频率的红外光照射某样品，由于试样对不同频率的红外光吸收程度不同，使通过试样后的红外光在一些波数范围内减弱，在另一些波数范围内仍然较强，用仪器记录该试样的红外吸收光谱，进行样品的定性和定量分析。

（2）双原子分子的振动

分子中的原子以平衡点为中心，以非常小的振幅（与原子核之间的距离相比）作周期性的振动，可近似地看作简谐振动。这种分子振动的模型，以经典力学的方法可把两个质量为 M_1 和 M_2 的原子看成钢体小球，连接两原子的化学键设想成无质量的弹簧，弹簧的长度 r 就是分子化学键的长度。

（3）多原子分子的振动

多原子分子由于原子数目增多，组成分子的键或基团和空间结构不同，其振动光谱比双原子分子要复杂。但是可以把它们的振动分解成许多简单的基本振动，即简正振动。简正振动的振动状态是分子质心保持不变，整体不转动，每个原子都在其平衡位置附近做简谐振动，其振动频率和相位都相同，即每个原子都在同一瞬间通过其平衡位置，而且同时达到其最大位移值。分子中任何一个复杂振动都可以看成这些简正振动的线性组合。简正振动的基本形式一般分成伸缩振动和变形振动。

（4）红外吸收谱带的强度

红外吸收谱带的强度取决于分子振动时偶极矩的变化，而偶极矩与分子结构的对称性有关。振动的对称性越高，振动中分子偶极矩变化越小，谱带强度也就越弱。一般地，极性较强的基团（如 $C=O$、$C-X$ 等）振动，吸收强度较大；极性较弱的基团（如 $C=C$、$C-C$、$N=N$ 等）振动，吸收较弱。红外光谱的吸收强度一般定性地用很强（vs）、强（s）、中（m）、弱（w）和很弱（vw）等表示。

（5）基团频率和特征吸收峰

物质的红外光谱是其分子结构的反映，谱图中的吸收峰与分子中各基团的振动形式相对应。多原子分子的红外光谱与其结构的关系，一般是通过实验手段得到。这就是通过比较大量已知化合物的红外光谱，从中总结出各种基团的吸收规律。

实验表明，组成分子的各种基团，如 $O-H$、$N-H$、$C-H$、$C=C$、$C=O$ 和 $C\equiv C$ 等，都有自己特定的红外吸收区域，分子的其他部分对其吸收位置影响较小。通常把这种能代表基团存在并有较高强度的吸收谱带称为基团频率，其所在的位置一般又称为特征吸收峰。

3.3.2　红外光谱法特点

与紫外光谱法相比，红外光谱法的特点如下。

（1）起源不同

紫外光谱——电子光谱，红外光谱——振动-转动光谱。

（2）特征性不同

红外光谱的特征性比紫外光谱强。紫外光谱主要是分子的 π 电子或 n 电子跃迁产生的吸收光谱，多数紫外光谱较简单，特征性较差。红外吸收光谱是振动-转动光谱，每个官能团都有几种振动形式，在红外区相应产生几个吸收峰，光谱复杂，特征性强。

（3）适用范围不同

紫外吸收光谱法只适用于研究芳香族或具有共轭的不饱和脂肪族化合物及某些无机物；测定对象的物态为溶液，极少数为蒸气；主要用于定量分析。

红外吸收光谱法结构上不受限制，在中红外光区能测得所有有机化合物的特征光谱，还可用于研究某些无机物；测定对象的物态为液态、固态以及气态；主要用于定性鉴别及测定有机化合物的分子结构。

除此之外，红外光谱法还具有测定快速、不破坏试样、试样用量少、操作简便、能分析各种状态的试样、分析灵敏度较低、定量分析误差较大等特点。

3.3.3　红外光谱法的应用

3.3.3.1　试样的处理和制备

要获得一张高质量红外光谱图，除了仪器本身的因素外，还必须有合适的样品制备方法。

（1）红外光谱法对试样的要求

红外光谱的试样可以是液体、固体或气体，一般要求如下。

① 试样应该是单一组分的纯物质，纯度应＞98％或符合商业规格才便于与纯物质的标准光谱进行对照。多组分试样应在测定前尽量预先用分馏、萃取、重结晶或色谱法进行分离提纯，否则各组分光谱相互重叠，难于判断。

② 试样中不应含有游离水。水本身有红外吸收，会严重干扰样品光谱，而且会侵蚀吸收池的盐窗。

③ 试样的浓度和测试厚度应选择适当，以使光谱图中的大多数吸收峰的透射比处于10％～80％。

（2）制样的方法

① 气体样品　气态样品可在玻璃气槽内进行测定，它的两端粘有红外透光的 NaCl 或 KBr 窗片。先将气槽抽真空，再将试样注入。

② 液体和溶液试样

a. 液体池法：沸点较低，挥发性较大的试样，可注入封闭液体池中，液层厚度一般为 0.01～1mm。

b. 液膜法：沸点较高的试样，直接滴在两片盐片之间，形成液膜。对于一些吸收很强的液体，当用调整厚度的方法仍然得不到满意的谱图时，可用适当的溶剂配成稀溶液进行测定。一些固体也可以溶液的形式进行测定。常用的红外光谱溶剂应在所测光谱区内本身没有强烈的吸收，不侵蚀盐窗，对试样没有强烈的溶剂化效应等。

③ 固体试样

a. 压片法：将 1～2mg 试样与 200mg 纯 KBr 研细均匀，置于模具中，用 80MPa 左右，稳定 5s，在油压机上压成透明薄片，即可用于测定。试样和 KBr 都应经干燥处理，研磨到粒度小于 $2\mu m$，以免散射光影响。

b. 石蜡糊法：将干燥处理后的试样研细，与液体石蜡或全氟代烃混合，调成糊状，夹在盐片中测定。

c. 薄膜法：主要用于高分子化合物的测定。可将它们直接加热熔融制膜或压制成膜。也可将试样溶解在低沸点的易挥发溶剂中，涂在盐片上，待溶剂挥发后成膜测定。当样品量特别少或样品面积特别小时，采用光束聚光器，并配有微量液体池、微量固体池和微量气体池，采用全反射系统或用带有卤化碱透镜的反射系统进行测量。

3.3.3.2　定性分析

（1）已知物的鉴定

将试样的谱图与标准的谱图进行对照，或者与文献上的谱图进行对照。如果两张谱图各吸收峰的位置和形状完全相同，峰的相对强度一样，就可以认为样品是该种标准物。如果两张谱图不一样，或峰位不一致，则说明两者不为同一化合物，或样品有杂质。如用计算机谱图检索，则采用相似度来判别。使用文献上的谱图应当注意试样的物态、结晶状态、溶剂、测定条件以及所用仪器类型均应与标准谱图相同。

（2）未知物结构的测定

测定未知物的结构，是红外光谱法定性分析的一个重要用途。

如果未知物不是新化合物，可以通过两种方式利用标准谱图进行查对：

① 查阅标准谱图的谱带索引，寻找与试样光谱吸收带相同的标准谱图；

② 进行光谱解析，谱图的解析至今尚无一定规则。但一般来说，可按照"先特征，后指纹；先最强峰，后次强峰；先粗查，后细找；先否定，后肯定"的程序解析。在对光谱图进行解析之前，应收集样品的有关资料和数据。了解试样的来源、估计其可能是哪类化合物；测定试样的物理常数，如熔点、沸点、溶解度、折射率等，作为定性分析的旁证；根据元素分析及相对摩尔质量的测定，求出化学式并计算化合物的不饱和度：

$$\Omega = 1 + n_4 + (n_3 - n_1)/2 \qquad (3.23)$$

式中，n_4、n_3、n_1 分别为分子中所含的四价、三价和一价元素原子的数目。当 $\Omega = 0$ 时，表示分子是饱和的，应是链状烃及其不含双键的衍生物；当 $\Omega = 1$ 时，可能有一个双键或脂环；当 $\Omega = 2$ 时，可能有两个双键和脂环，也可能有一个叁键；当 $\Omega = 4$ 时，可能有一个苯环等。

但是二价原子如 S、O 等不参加计算。谱图解析一般先从基团频率区的最强谱带开始，推测未知物可能含有的基团，判断不可能含有的基团。再从指纹区的谱带进一步验证，找出可能含有基团的相关峰，用一组相关峰确认一个基团的存在。对于简单化合物，确认几个基团之后，便可初步确定分子结构，然后查对标准谱图核实。

（3）几种标准谱图

① 萨特勒（Sadtler）标准红外光谱图。

② Aldrich 红外谱图库。

③ Sigma Fourier 红外光谱图库。

3.3.3.3　定量分析

红外光谱定量分析是通过对特征吸收谱带强度的测量来求出组分含量，其理论依据是朗伯-比尔定律。由于红外光谱的谱带较多，选择的余地大，所以能方便地对单一组分和多组分进行定量分析。此外，该法不受样品状态的限制，能定量测定气体、液体和固体样品。因此，红外光谱定量分析应用广泛。但红外光谱定量分析灵敏度较低，尚不适用于微量组分的测定。

（1）基本原理

① 选择吸收带的原则

a. 必须是被测物质的特征吸收带。例如分析酸、酯、醛、酮时，必须选择与 $\diagdown C{=}O$ 基团的振动有关的特征吸收带。

b. 所选择的吸收带的吸收强度应与被测物质的浓度有线性关系。

c. 所选择的吸收带应有较大的吸收系数且周围尽可能没有其他吸收带存在，以免干扰。

② 吸光度的测定

a. 一点法：该法不考虑背景吸收，直接从谱图中的纵坐标读取透过率，再由公式 $\lg(1/T)=A$ 计算吸光度。实际上这种背景可以忽略的情况较少，因此多用基线法。

b. 基线法：通过谱带两翼透过率最大点作光谱吸收的切线，作为该谱线的基线，则分析波数处的垂线与基线的交点，与最高吸收峰顶点的距离为峰高，其吸光度 $A=\lg(I_0/I)$。

（2）定量分析方法

可用标准曲线法、求解联立方程法等方法进行定量分析。

3.3.4　红外光谱法在研究 POPs 与蛋白质相互作用中的应用

红外光谱法是用波长为 $400\sim4000\mathrm{cm}^{-1}$ 的红外光束照射待测样品产生光谱，根据光谱中吸收峰的位置和形状来推算未知物结构，依照特征吸收峰的强度来测定混合物中各组分的含量，据此可以从分子到原子水平上定性、定量测定样品中某物质的化学结构。傅里叶变换红外光谱法（FTIR）则是根据蛋白质分子和外源分子结合前后各酰胺带峰位和相对强度变化情况，进行曲线拟合后定量检测蛋白质分子构象变化情况，经历了定性阶段、半定量阶段到定量阶段的发展过程。它可以从蛋白质二级结构变化的层次来探讨其结构与功能的关系。蛋白质二级结构（如 α-螺旋、β-折叠、β-转角等）的酰胺 I 带、II 带伸缩振动在红外光谱图谱上表现为特征性的吸收峰。1950 年在蛋白质二级结构主要成分的定性研究中，Elliott 和 Ambrose 根据模型多肽的结果提出红外酰胺 I 带波长 $1650\sim1660cm^{-1}$ 范围内的峰属于 α-螺旋结构，波长 $1630\sim1640cm^{-1}$ 范围内的峰属于 β-折叠构象这一假设；到了 20 世纪 70 年代中期，发展了很多半定量计算蛋白质构象的方法，但是存在许多局限性。1983 年，Susi 和 Byler 首先在研究蛋白质二级结构中应用了傅里叶红外光谱的二阶导数理论，1986 年，红外分析蛋白质二级结构进入定量化阶段，采用的方法是去卷积方法。

蛋白质二级结构的形成主要靠肽链中的 $C=O$ 和酰胺上的 $N-H$ 之间形成氢键，而红外光谱是一种对氢键十分敏感的测定手段。当小分子和蛋白质发生相互作用时，可根据各个谱峰分量所占的面积百分比确定各类二级结构的含量，依据不同蛋白质二级结构的红外酰胺带各峰的指认标准来判断小分子对蛋白质的二级结构是否产生了影响。蛋白质和多肽在红外区域表现为 9 个特征振动模式或基团频率。

蛋白质的酰胺吸收带主要分为酰胺 I 带、酰胺 II 带及酰胺 III 带等。酰胺 I 带主要归因于氨基酸残基的 $-C=O$ 的伸缩振动，对蛋白质二级结构变化非常敏感，其吸收带处于 $1600\sim1700cm^{-1}$ 区域内；酰胺 II 带是由于 $-C-N$ 的伸缩振动以及 $-N-H$ 的面内变形振动造成的，它对蛋白质结构的变化敏感程度及吸收强度均次于酰胺 I 带，其吸收带处于 $1500\sim1600cm^{-1}$ 区域内；酰胺 III 带的吸收最弱，其主要也来自 $-C-N$ 的伸缩振动和 $-N-H$ 的面内变形振动，其吸收带处于 $1230\sim1240cm^{-1}$ 区域内。

最常用于二级结构分析的是酰胺 I 带，其振动频率反映了多肽蛋白质含有的多种不同的二级结构，其红外吸收峰有 α-螺旋、β-折叠、β-转角等二级结构的吸收带，其对应的振动吸收峰重叠在一起，形成宽峰，这些子峰的固有宽度相比于仪器分辨率更大，因此普通光谱技术是无法直接将各子峰分开的。

为了将上述未能分辨的峰进一步分解为多个子峰，需要将实验得到的红外光谱进行去卷积处理，可将重叠的谱带分解成各个子吸收带。运用傅里叶自解卷积可将重叠的酰胺Ⅰ带及酰胺Ⅲ带分成 10 个左右的子峰，确定各个子峰与不同二阶结构的对应关系，指出各个子峰的峰位置，根据曲线拟合的方法，通过积分面积计算出各种二级结构的相对百分含量，进而定量地分析蛋白质结构的变化情况。酰胺Ⅰ带的谱峰归属较为成熟，比较公认的看法是，由酰胺Ⅰ带所分解出来的峰在 $1650\sim1658cm^{-1}$ 处为 α-螺旋的吸收峰，$1610\sim1640cm^{-1}$ 处为 β-折叠的吸收峰，$1660\sim1700cm^{-1}$ 处为 β-转角的吸收峰，$1640\sim1650cm^{-1}$ 处为无规卷曲吸收峰。由酰胺Ⅲ带所分解出来的峰在 $1290\sim1330cm^{-1}$ 处为 α-螺旋的吸收峰，$1265\sim1295cm^{-1}$ 处为 β-转角的吸收峰，$1245\sim1270cm^{-1}$ 处为无规卷曲的吸收峰，$1220\sim1250cm^{-1}$ 处为 β-折叠的吸收峰。

特别需要注意的是，因水对红外光在 $2800\sim3700cm^{-1}$、$1600\sim1800cm^{-1}$ 和 $1000cm^{-1}$ 以下区域有强吸收，使得光谱完全被水的吸收所遮蔽，因此红外光谱对水溶液的研究遇到了重大障碍，因此，为了尽可能地避免生物样品中水的存在对红外光谱检测结果的影响，在实验测试过程中一般采取重水体系。其原因之一是重水仅在 $2900\sim4000cm^{-1}$、$1300\sim2000cm^{-1}$ 以及 $900\sim1100cm^{-1}$ 区域内有吸收，其在水对红外光束有强吸收的区域内具有较低的红外吸收。采取重水体系代替水作为溶剂的另外一个原因是重水不会使蛋白质的活性及构象发生改变，对实验结果不产生影响。尽管如此，重水比起水在某些程度上还是有所不同，且操作也更为复杂。因此可分别测定水和重水体系中的蛋白质红外光谱，结合两种红外光谱结果，基本可以获得所有蛋白质的红外谱带信息。

红外光谱技术中的差谱技术是透射光谱测量中的重要数据处理技术，主要应用吸光度相减法。红外差谱技术是将蛋白质的红外光谱图减去空白所得到的红外差谱，这一方法可以消除水及其他底物对谱图产生的影响，进而更加直观地考察小分子对蛋白质作用前后的微小差异。因此，红外差谱技术广泛应用于小分子与蛋白质相互作用的研究当中。

红外差谱技术的具体做法：首先测得蛋白质溶液的红外光谱图和不含有蛋白质的缓冲体系的红外光谱图，将二者进行差减即可得到蛋白质作用前的红外光谱图；然后收集在相同的条件下测得的小分子与蛋白质相互作用后的红外光谱图和加入同浓度小分子的缓冲体系的红外光谱图，再将二者进行差减即可得到蛋白质与小分子作用后的红外光谱图。最后，再将蛋白质与小分子作用前后的红外光谱图进行差减，若蛋白质没有和小分子发生相互作用，那么理论上，两光谱图差减后将得到一条直线，反之，如果小分子使蛋白质的结构发生了改变，使蛋白质的红外光谱图发生了变化，则差减后所得到的谱图即为作用前后蛋白质红外谱图的差别谱。由于蛋白质肽链中氨基酸残基侧链饱和 C—H 键的红外吸收对于蛋白质的结构变化不敏感，因此一般采用差减所得的谱图以 $2800 \sim 2900 \mathrm{cm}^{-1}$ C—H 键的对称和非对称伸缩振动吸收峰作为参照；也有一些研究者选取谱图 $1800 \sim 2200 \mathrm{cm}^{-1}$ 没有特征峰作为参照。

计算机差谱技术是对存储的谱图进行数据处理的一种计算机软件功能，根据朗伯-比尔定律，吸光度有加和性，在混合物光谱中，某一波数处的总吸光度是该体系中各组分在该处产生的吸光度值的总和。如果纯组分的样品与混合物样品的浓度与厚度不同，需乘以比例因子（FCR）才能使两个光谱相等，FCR 在差谱中称为差减因子，由计算机给出，人工选择。分析鉴定多组分化合物时首先要进行分离，但分离工作麻烦费时，利用差谱技术，则可不经分离就能获得单一组分的红外光谱图，从而进行结构鉴定。计算机差谱技术不仅扩大了红外光谱学的研究范围，而且使红外光谱本身得到了进一步发展，已成为重要的研究手段之一。

近年来，傅里叶变换红外光谱技术在蛋白质二级结构中的应用已有诸多报道。自 1986 年，Byler 和 Susi 对 19 个蛋白质中的 38 个子峰进行分析时就采用了二阶导数和去卷积的方法。实验结果给出了红外光谱中各构象成分特征酰胺 I 带位置与蛋白质二级结构的关系。进而将采用去卷积曲线拟合法得出的若干蛋白质二级结构的含量与 X 射线衍射法所得的结果进行了比较，证实二者十分吻合。

在这之后，许多学者也采用这一手段对蛋白质的构象进行研究，并且将这一方法的数据进行了完善。杨朝霞等采用荧光光谱法、紫外-可见吸收光谱法和傅里叶变换红外光谱法研究了模拟生理条件下呋苄西林钠（FBS）与牛血清白蛋白（BSA）结合的相互作用机制。采用 Gausse 函数对谱图进行拟合，多次拟合使残差最小，重叠在一起的不同谱带完全分离开，确实了各子峰与不同二级结构的对应关系，根据其积分面积计算各种二级结构的相对百分含量。结果表明，与 FBS 作用后，BSA 的 IR 谱曲线拟合结果与单纯 BSA 的 IR 谱曲线拟合结果相比有较大变化。蛋白质和 FBS 作用后，α-螺旋与无规则卷曲结构向 β-折叠转变。这一结果说明了蛋白质分子中肽链出现部分展开，与蛋白质热变性的结果比较相似。王田虎等用傅里叶红外光谱技术研究了三种药物（地巴唑、曲克芦丁和利血平）对 BSA 二级结构的影响，作者为了定量分析 BSA 分子中二级结构的各个组分，将实验获得的红外差用二阶导数和去卷积工具进行处理，将酰胺 I 带的峰分解为多个子峰，再通过曲线拟合获得代表药物（地巴唑、曲克芦丁和利血平）与 BSA 体系中 BSA 二级结构的不同子峰，最终根据组分带的积分面积计算 BSA 的二级结构含量。结果表明，溶液中游离 BSA 含 α-螺旋 59%、β-折叠 28%、β-转角 13%，与药物作用后其二级结构含量发生了变化，其中，与地巴唑作用后，α-螺旋从 59% 减少到 55%，β-折叠从 28% 减少到 26%，β-转角从 13% 增加到 19%；与曲克芦丁作用后，α-螺旋从 59% 减少到 46%，β-折叠从 28% 增加到 33%，β-转角从 13% 增加到 21%；与利血平作用后，α-螺旋从 59% 减少到 52%，β-折叠从 28% 减少到 25%，β-转角从 13% 增加到 23%。这些实验结果表明了药物与 BSA 的结合作用改变了 BSA 的二级结构。

3.4　圆二色光谱法

圆二色光谱法（简称 CD）是应用最为广泛的测定蛋白质二级结构的方法，是研究稀溶液中蛋白质构象的一种快速、简单、较准确的方法。它可以在溶液状态下测定，较接近其生理状态。通过远紫外圆二色光谱数据可以计算出溶液中蛋白质的二级结构信息；通过近紫外圆二色光谱数据可以得到蛋白质中芳香氨基酸残基，如色氨酸、酪氨酸、苯丙氨酸及二硫键等微环境的变化，进一步得到蛋白质的三级结构信息。由于圆二色光谱法测定快速简便，对构象变化灵敏，因此是目前研究蛋白质二级结构的主要手段之一，并已广泛应用于蛋白质的构象研究中。根据圆二色光谱法的原理和测试要求设计制成的仪器称为圆二色光谱仪。目前，圆二色光谱法及其仪器已广泛应用于有机化学、生物化学、配位化学和药物化学等领域，成为研究有机化合物的立体构型的一个重要方法。

3.4.1　圆二色光谱法原理

光是横电磁波，是一种在各个方向上振动的射线。其电场矢量 E 与磁场矢量 H 相互垂直，且与光波传播方向垂直。由于产生感光作用的主要是电场矢量，一般就将电场矢量作为光波的振动矢量。光波电场矢量与传播方向所组成的平面称为光波的振动面。若此振动面不随时间变化，这束光就称为平面偏振光，其振动面即称为偏振面。平面偏振光可分解为振幅、频率相同，旋转方向相反的两圆偏振光。其中电矢量以顺时针方向旋转的称为右旋圆偏振光，其中以逆时针方向旋转的称为左旋圆偏振光。两束振幅、频率相同，旋转方向相反的偏振光也可以合成为一束平面偏振光。如果两束偏振光的振幅（强度）不相同，则合成的将是一束椭圆偏振光。

光学活性物质对左、右旋圆偏振光的吸收率不同，其光吸收的差值 ΔA（$A_l - A_d$）称为该物质的圆二色性（circular dichroism，简写作 CD）。圆二色性的存在使通过该物质传播的平面偏振光变为椭圆偏振光，且只在发生吸收的波长处才能观察到。所形成的椭圆的椭圆率 θ 为：$\theta = \tan^{-1}$ 短轴/长轴。根据 Lambert-Beer 定律可证明椭圆率近似地为：$\theta = 0.576lc(\varepsilon_l - \varepsilon_d) = 0.576lc\Delta\varepsilon$。公式中 l 为介质厚度，c 为光活性物质的浓度，ε_l 及 ε_d 分别为物质对左旋及右旋圆偏振光的吸收系数。测量不同波长下的 θ（或 $\Delta\varepsilon$）值与波长 λ 之间的关系曲线，即圆二色光谱曲线。在此光谱曲线中，如果所测定的物质没有特征吸收，则其 $\Delta\varepsilon$ 值很小，即得不到特征的圆二色光谱。当 $\varepsilon_l > \varepsilon_d$ 时，得到的是一个正的圆二色光谱曲线，即被测物质为右旋；如果 $\varepsilon_l < \varepsilon_d$，则得到一个负的圆二色光谱曲线，即被测物质为左旋。

圆二色谱是一种用于推断非对称分子的构型和构象的一种旋光光谱。光学活性物质对组成平面偏振光的左旋和右旋圆偏振光的吸收系数（ε）是不相等的，$\varepsilon_L \neq \varepsilon_R$，即具有圆二色性。如果以不同波长的平面偏振光的波长 λ 为横坐标，以吸收系数之差 $\Delta\varepsilon = \varepsilon_L - \varepsilon_R$ 为纵坐标作图，得到的图谱即是圆二色光谱。如果某手性化合物在紫外可见区域有吸收，就可以得到具有特征的圆二色光谱。由于 $\varepsilon_L \neq \varepsilon_R$，透射光不再是平面偏振光，而是椭圆偏振光，摩尔椭圆度 [θ] 与 $\Delta\varepsilon$ 的关系为：[θ] $= 3300\Delta\varepsilon$。圆二色谱也可以摩尔椭圆度为纵坐标，以波长为横坐标作图。由于 $\Delta\varepsilon$ 有正值和负值之分，因此圆二色谱也有呈峰的正性圆二色谱和呈谷的负性圆二色谱。在紫外可见光区域测定圆二色谱与旋光谱，其目的是推断有机化合物的构型和构象。

3.4.2 圆二色光谱法特点

圆二色光谱仪的设计和制作则远比吸收光谱仪的设计和制作复杂，其仪器的价格也比较昂贵。

（1）圆二色光谱仪的光谱范围宽

蛋白质等生物大分子在可见光波段没有吸收，在可见光波段也没有圆二色性。蛋白质分子的手性结构所引起的圆二色性主要在远紫外波段及近红外波段，因此，圆二色光谱仪的波长范围要覆盖 190～900nm。因此，圆二色光谱仪的光源、光学器件和探测器的技术要求都要比吸收光谱仪高。

（2）仪器设计复杂

圆二色光谱仪需要设计专门的起偏器件，这个起偏器件要能够生成左旋圆偏振光和右旋圆偏振光。此外由于圆二色光谱是差吸收光谱，其信号要比吸收光谱弱很多，这对仪器的检测器和放大器都提出很高的要求。吸收光谱仪一般用光电管作检测器，而在圆二色光谱仪中均用光电倍增管。由于光谱范围的要求，在近红外段还需要更换对红外光敏感的光电倍增管。在放大器部分，需要采用一定的调制技术来提高信噪比。

3.4.3　影响圆二色光谱的因素

（1）样品要求

样品必须保持一定的纯度，不含光吸收的杂质，溶剂必须在测定波长下没有吸收干扰；样品能完全溶解在溶剂中，形成均一透明的溶液。

（2）氮气流量的控制

根据测定波长，适当调节氮气流量。

（3）缓冲液、溶剂要求

缓冲液和溶剂在配制溶液前要做单独的检查，要求在测定波长范围内没有吸收干扰，并且不能形成沉淀和胶状物质，方可使用；在蛋白质测量中，经常选择透明性极好的磷酸盐作为缓冲体系。

（4）样品浓度与池子选择

样品不同，测定的圆二色光谱范围不同，对池子大小（光径）的选择和浓度的要求也不一样。蛋白质圆二色光谱测量一般在相对较稀的溶液中进行。

3.4.4　圆二色光谱法在研究 POPs 与蛋白质相互作用中的应用

远紫外区圆二色光谱主要反映肽键的圆二色性。在蛋白质或多肽的规则二级结构中，肽键是高度有规律排列的，其排列的方向性决定了肽键能级跃迁的分裂情况。具有不同二级结构的蛋白质或多肽所产生圆二色谱带的位置、吸收的强弱都不相同。因此，根据所测得蛋白质或多肽的远紫外圆二色谱，能反映出蛋白质或多肽链二级结构的信息，从而揭示蛋白质或多肽的二级结构。

蛋白质中芳香氨基酸残基，如色氨酸（Trp）、酪氨酸（Tyr）、苯丙氨酸（Phe）及二硫键处于不对称微环境时，在近紫外区 $250\sim320nm$，表现出圆二色信号。色氨酸（Trp）在 279nm、284nm 和 291nm 处有圆二色特征峰；苯丙氨酸（Phe）在 255nm、261nm 和 268nm 处有圆二色特征峰；酪氨酸（Tyr）在 277nm 左右处有圆二色特征峰；二硫键（S—S）在 $250\sim320nm$ 处有圆二色特征峰。因此，近紫外圆二色谱可作为一种灵敏的光谱探针，反映 Trp、Tyr 和 Phe 及二硫键所处微环境的扰动，能用来研究蛋白质三级结构精细变化。

目前，圆二色光谱已作为研究配体-蛋白质相互作用过程的重要手段之一，应用已十分普遍。周娟等采用圆二色光谱法研究了 Cu^{2+} 存在下葛根素（PUE）对牛血清白蛋白二级结构的影响。结果表明，葛根素与 BSA 的相互作用，可使蛋白质分子的疏水作用增强，导致 BSA 的肽链结构收缩，Cu^{2+}-葛根素与 BSA 的相互作用以配位作用为主，使得 BSA 的肽链结构伸展，蛋白质的构象发生变化。丁成荣等通过圆二色光谱，研究三环唑与牛血清白蛋白的相互作用及其浓度变化对牛血清白蛋白的影响。圆二色光谱表明三环唑与 BSA 间的疏水作用使 BSA 的肽链发生收缩、重排。三环唑导致 BSA 的构象发生变化。

3.5 其他方法

3.5.1 电化学方法

电化学方法具有灵敏、简便和快速等优点。例如，当分子吸收光谱比较弱，或由于其电子跃迁谱带与生物大分子的出现重叠时，特别是对主要以静电作用相结合的体系来说，表面电化学方法可以获得更精确的信息，是一种有益的方法补充。但是由于电化学受环境因素影响较大，其结果不稳定，重现性差。孙伟等在 $pH=4.2$ 的 Britton-Robinson 缓冲液中，将茜素红 S（ARS）与牛血清白蛋白（BSA）混合能形成一种红色的非电活性的超分子复合物。用线性扫描二阶导数极谱法和循环伏安法对该体系进行了研究，复合物的形成使 ARS 的还原峰电流下降，峰电流的下降值同所加的 BSA 浓度在一定范围内呈线性关系。用于 BSA 的测定，在 $8.0\times10^{-8}\sim1.2\times10^{-6}$ mol/L 呈线性关系，检测限为 4.3×10^{-8} mol/L，对结合反应机理进行了初步的探讨。

3.5.2 生物学方法

常见的生物分析手段有：液相柱色谱技术、电泳技术、生物质谱分析、微流控分析、免疫分析和印迹技术、核酸扩增和序列分析等。其中近代电泳技术是生物化学和分子生物学领域使用的最普遍的鉴定技术之一。凝胶电泳法是生物学中最常用的制备 DNA 片段及分离、纯化、鉴定 DNA 分子构象的重要手段，琼脂糖凝胶电泳适合分子量较大的 DNA 片段，一般在几百 bp 以上，而聚丙烯酰胺凝胶电泳适合的 DNA 片段大小可从几 bp 到几千 bp。

3.5.3 物理学方法

常用方法主要有：黏度法、电镜法、差示扫描量热法、微量热法和渗析平衡法等。黏度法主要用于考察非共价作用中的嵌插作用，当小分子与 DNA 以经典嵌插方式进行作用时，相邻碱基对间的距离就会增大，使螺旋链长度增加，从而使溶液的黏度增加；相反当以非嵌插方式作用时，溶液的黏度则不会有明显的变化。而量热法及渗析平衡法则用于测定其相互作用的热力学及动力学信息，计算其结合数、结合自由能等。沈昊宇等采用 UV、荧光光谱、电化学和黏度法等方法研究了三聚氰胺（MM）与鲱鱼精 DNA 的作用机制，并采用凝胶电泳考察了 MM 对 pBR322 质粒 DNA 迁移作用的影响。当 pH 为 7.0 时，动力学参数的计算结果表明，加入 DNA 前后 MM 电荷转移系数 α 分别为 0.27 和 0.26，速率常数分别为 $5.58s^{-1}$ 和 $5.65s^{-1}$；热力学研究表明 MM 与 DNA 的结合常数 K 约为 $10^5 L/mol$，MM 与 DNA 可能是以沟槽式相结合。

第4章
POPs与生物分子相互作用的研究

4.1 有机氯农药与蛋白质之间相互作用的研究

用荧光光谱法研究 5 种极性不同的有机氯农药（α-氯丹、δ-六六六、艾氏剂、o,p'-DDT 和六氯苯）与 BSA 之间的相互作用机制。BSA 与 5 种 OCPs 作用的动态猝灭常数、结合常数、结合位点数以及热力学常数列于表 4.1。

表 4.1 BSA 与 OCPs 作用的猝灭常数、结合常数及结合位点数

OCPs	T/K	K_{SV} /(L/mol)	K_q/[L/ (mol·s)]	K /(10^5L/mol)	n	ΔG /(10^4kJ/mol)	ΔH /(10^5J/mol)	ΔS /[J/(K·mol)]
δ-六六六	298	2.5×10^6	2.5×10^{14}	0.4	0.7444	-2.6	1.3	530.1
	310	2.9×10^6	2.9×10^{14}	2.9	0.8684	-3.2		
α-氯丹	298	5.3×10^7	5.3×10^{15}	130	0.9209	-4.1	0.4	254.2
	310	5.5×10^7	5.5×10^{15}	220	0.9498	-4.4		
六氯苯	298	2.5×10^4	2.5×10^{12}	0.006	0.6865	-1.6	0.2	107.0
	310	2.4×10^4	2.4×10^{12}	0.008	0.7122	-1.7		
艾氏剂	298	4.6×10^4	4.6×10^{12}	0.04	0.8178	-2.1	1.0	405.6
	310	4.4×10^4	4.4×10^{12}	0.2	0.9461	-2.6		
o,p'-DDT	298	7.2×10^4	7.2×10^{12}	0.005	0.6083	-1.5	1.8	650.4
	310	1.14×10^5	1.14×10^{13}	0.08	0.7899	-2.3		

实验结果表明，α-氯丹、δ-六六六、艾氏剂、o,p'-DDT 和六氯苯都可以猝灭 BSA 的荧光，且过程均为静态猝灭，结合位点数都近似为 1，说明这些有机氯农药与 BSA 形成了 1∶1 的复合物。由结合常数可见，α-氯丹与

BSA 结合能力最强，六氯苯与 BSA 的结合能力最弱。5 种有机氯农药的热力学常数 ΔH 与 ΔS 都大于 0，说明 5 种有机氯农药与 BSA 之间的相互作用力均以疏水作用力为主。

4.2　有机磷农药与蛋白质之间相互作用的研究

以草甘膦和马拉·毒死蜱为例，采用荧光光谱法研究有机磷农药与牛血清白蛋白（BSA）之间的相互作用机制。通过 Stern-Volmer 方程计算结果见表 4.2。由表可见，草甘膦和马拉·毒死蜱的动态猝灭速率常数 K_q 值均大于猝灭剂对生物大分子的最大动态猝灭速率常数（2×10^{10}），说明这两种有机磷农药对牛血清白蛋白的猝灭过程为静态猝灭。同步荧光光谱法研究结果表明，草甘膦和马拉·毒死蜱都会诱导牛血清白蛋白的构象发生变化。紫外吸收光谱法实验结果表明，随着草甘膦和马拉·毒死蜱的加入，BSA 的吸光度呈规律性降低，这说明草甘膦和马拉·毒死蜱均会与 BSA 形成复合物。

表 4.2　两种有机磷农药对 BSA 猝灭常数

有机磷农药	$K_{SV}/(L/mol)$	$K_q/[L/(mol \cdot s)]$
草甘膦	2.13×10^2	2.13×10^{10}
马拉·毒死蜱	2.34×10^3	2.34×10^{11}

4.3　多氯联苯与蛋白质之间相互作用的研究

4.3.1　2,2′,4,4′,5-五氯联苯与人血清白蛋白之间相互作用的研究

用紫外吸收光谱法研究 2,2′,4,4′,5-五氯联苯（PCB153）与人血清白蛋白（HSA）之间的相互作用。303K 温度下，PCB153 的加入使得 HSA 在 212nm 处吸收峰红移至 220nm，这说明 PCB153 与 HSA 之间结合产生了较强的相互作用。

303K 温度下，用荧光分光光度法测定 PCB153 与 HSA 体系荧光强度，用 Stern-Volmer 方程计算结合常数、熵变、焓变和吉布斯自由能列于表4.3 中。由表可见，随着温度的升高，PCB153 与 HSA 相互作用的结合常数升高。熵变和焓变的值均为正值，表明 PCB153 对 HSA 复合物主要是疏水作用。ΔG 的负值表明 PCB153 结合 HSA 的反应过程是自发完成的，通常情况下与二者之间的静电相互作用有关。因此，静电相互作用也不能被排除。

表 4.3 PCB 153 与 HSA 作用的结合常数及相关热力学参数

温度/K	$K/(10^{-6}\text{L/mol})$	$\Delta G/(\text{kJ/mol})$	$\Delta S/[\text{J/(mol}\cdot\text{K)}]$	$\Delta H/(\text{kJ/mol})$
293	6.008	-3.98817		
298	20.57	-6.58505	519.376	148.189
303	29.94	-9.18193		
308	143.152	-11.7788		

4.3.2 2,3,3′-三氯联苯与人血清白蛋白之间相互作用的研究

用荧光分光光度法研究 2,3,3′-三氯联苯（PCB20）与人血清白蛋白（HSA）之间的相互作用。实验结果表明，PCB20 本身无荧光，但 HSA 在 346nm 有最大荧光发射峰（激发波长为 280nm）。在 298K 时，随着 PCB20 的逐渐加入，HSA 最大荧光发射峰峰形基本不变，但荧光强度有规律地降低且呈现微弱蓝移，这说明 PCB20 能够通过某种机制导致 HSA 荧光猝灭，二者之间存在相互作用。假设 PCB20 对 HSA 的荧光猝灭是因分子碰撞而引起的动态猝灭，则一般遵循 Stern-Volmer 方程。在 291K、298K 和 310K 温度下，动态猝灭常数（K_{sv}）、动态猝灭速率常数（K_q）、结合位点数（n）以及热力学常数（ΔH、ΔS、ΔG）列于表 4.4。

表 4.4 PCB20 与 HSA 作用的动态猝灭常数、结合位点数以及热力学常数

T/K	$K_{sv}/(\text{L/mol})$	$K_q/[\text{L/(mol}\cdot\text{s)}]$	n	r	ΔH	ΔG	ΔS
291	5.0×10^8	5.0×10^{16}	1.05	0.9996		-47.92	243
298	4.0×10^8	4.0×10^{16}	1.12	0.9999	22.99	-47.63	243
310	3.3×10^8	3.3×10^{16}	0.96	0.9982		-50.56	237

由动态猝灭常数、结合距离推断，非辐射能量转移与静态猝灭是导致 HSA 荧光猝灭的主要原因。由结合位点数、表观结合常数及热力学参数可知，PCB20 与 HSA 之间可能存在一个结合位点，PCB20 与 HSA 间有较强的结合作用，PCB20 与 HSA 间的作用力主要是疏水作用力，且反应是自发进行的。再结合同步荧光光谱以及分子动力学模拟等实验结果可知，PCB20 诱导 HSA 构象发生变化。

4.3.3 多氯联苯（PCB180）与人血清白蛋白之间相互作用的研究

采用荧光光谱法研究多氯联苯（PCB180）与人血清白蛋白（HSA）之间相互作用的机制。利用 Stern-Volmer 方程定量分析 PCB180 对 HSA 的猝灭常数以及热力学常数，列于表 4.5。由实验结果可见，熵变、焓变均为正

值，PCB180 与 HSA 之间的相互作用力主要是疏水作用力，ΔG 为负值说明此结合过程是自发进行的，但也与静电引力有关。

表 4.5　PCB 180 与 HSA 作用的猝灭常数以及热力学常数

T/K	$K_{SV}/(L/mol)$	$\Delta H/(kJ/mol)$	$\Delta S/[kJ/(mol \cdot K)]$	$\Delta G/(kJ/mol)$
298	2.09×10^7			-7.17
303	2.90×10^7	116.84	416.12	-9.25
308	9.77×10^7			-11.33

　　用两种探针化合物，保泰松（PHE）和布洛芬（IB）进行了标记取代实验。一般来说，PHE 通过疏水作用力与 HSA 的位点 I 结合；而 IB 则是基于疏水性、氢键和静电引力与位点 II 结合在一起的。在 PCB180-HSA 体系中加入了 IB 或 PHE 作为竞争者，三元体系（竞争者-PCB180-HSA）和二元体系（竞争-HSA）相比可以看到，竞争者 IB 可以显著影响二元体系和三元体系的猝灭［如图 4.1（b）］。对于另一个竞争者 PHE，在二元体系和三元体系中，HSA 荧光无显著变化［如图 4.1（a）］。从结合常数来看，竞争者 PHE 在二元体系和三元体系中的结合常数在 9.55～10.10，即变化较小。但对于竞争者 IB 来说，其结合常数从 154.03 变化为 29.95，即变化较为明显。与 PHE 相比，IB 显示了对于 PCB180 存在更明显的取代，也就是说，相比 PHE，IB 是 HSA 的有力竞争者。

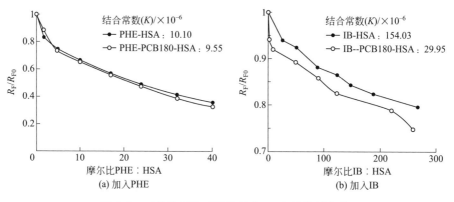

图 4.1　二元体系和三元体系中 HSA 的猝灭曲线

4.3.4　多氯联苯（PCB118、PCB126、PCB153）与人血清白蛋白之间相互作用的研究

　　采用荧光光谱法研究 PCB118、PCB126、PCB153 与人血清白蛋白（HSA）的相互作用机制。分别用 280nm 和 295nm 两个激发波长进行实验，

如图 4.2 所示。由图可见，以 280nm 为激发波长，可以激发色氨酸（Trp）和酪氨酸（Tyr）残基发射荧光，而以 295nm 为激发波长，则对 Trp 残基激发具有较高的特异性。这可能是因为 HSA 分子在第 214 个位点只包含一个 Trp 残基，这个残基（即 Trp-214）在 λ_{ex} 295nm 激发后产生荧光。

当猝灭剂（PCB118、PCB126、PCB153）出现在 HSA 荧光基团附近时，会导致蛋白质荧光猝灭，即 Trp 和 Tyr 残基可以在配体和荧光体之间进行能量转换。因此，由图 4.2 观察到的荧光猝灭现象表明，HSA 与多氯联苯之间形成了复合物。

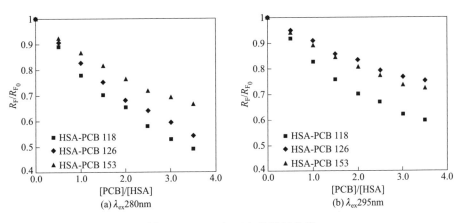

图 4.2 PCB 对 HSA 的猝灭曲线

与 λ_{ex} 295nm 相比，当使用 λ_{ex} 280nm 激发时，多氯联苯（PCB118、PCB126、PCB153）对 HSA 的荧光猝灭强度更强。例如，PCB118 与 HSA 的摩尔比为 3.5∶1 时，在 λ_{ex} 280nm 的激发波长使 HSA 荧光降低了 51%，相比之下，在 λ_{ex} 295nm 的激发波长仅使 HSA 荧光降低了 40%。这一现象对于 PCB126 更为显著，PCB126 在 λ_{ex} 280nm 的激发波长条件下使 HSA 荧光降低了 45.7%，而在 λ_{ex} 295nm 只降低了 24.5%。PCB153 在 λ_{ex} 280nm 的激发波长下使 HSA 荧光降低了 33%，在 λ_{ex} 295nm 降低了 27.5%。与 PCB118 或 PCB126 相比，激发波长对于 PCB153 与 HSA 相互作用的影响较小。荧光猝灭值也反映了 PCB 对蛋白质的猝灭强度，即 PCB118 与 HSA 的相互作用强度最大，其次是 PCB126 和 PCB153。

HSA 在激发波长 λ_{ex} 280 nm 处的荧光猝灭是由 Trp-214 和酪氨酸残基引起的，而 HSA 在激发波长 λ_{ex} 295nm 处的荧光猝灭只由 Trp-214 引起。在 HSA 与 Tyr 残基的结合中，这一相互作用能够通过 λ_{ex} 280nm 的荧光值减去 λ_{ex} 295nm 处的荧光值被量化（21.2%）。由此可以推断，在 PCB126 结合 HSA 过程中，Tyr 残基起到了十分重要的作用，而在 PCB118 和 PCB153（分别为 11％和 5.66％）与 HSA 的结合中，Tyr 残基的作用较低。这些差异与 PCB 同系物的结构特性的差异相符合。PCB126 是一种没有邻位取代基的共面结构；PCB118 在邻位有一个氯原子取代基；而 PCB153 则有两个邻位氯原子取代基。这表明共面结构的 PCBs 更倾向于与 Tyr 残基相互作用，而对 PCBs 的邻位取代基几乎完全结合 Trp-214。

HSA 分子上亚域ⅢA 的特征是具有疏水性，并且含有多个 Tyr 残基。因此使用 8-苯氨基-1-萘磺酸盐（ANS）考察了 PCB 同系物与该亚域的相互作用情况（图 4.3）。当 PCB 同系物与 HSA 的摩尔比为 1∶1 时，与亚域ⅢA具有特异性结合。在水溶液中，ANS 的荧光特性很低；然而，它在非极性溶液中或与蛋白质结合后会产生强烈的荧光。当 HSA-ANS 复合物的荧光激发波长为 λ_{ex} 360nm 时，增加 PCB 浓度并未观察到对荧光强度的影响［图 4.3（a）］，这表明 PCBs 在其结合位点上不存在与 ANS 的竞争关系。这一现象表明在研究的 PCB 同系物中，在亚域ⅢA 上可能不具有亲和位点，即结合的 Tyr 残基只存在于亚域ⅡA。当使用激发波长 λ_{ex} 295nm 时，增加 PCBs 的浓度会导致 HSA 的荧光降低 20％～25％［图 4.3（b）］，这一结果表明 PCBs 可以在 Trp-214 的结合位点上与 ANS 竞争。

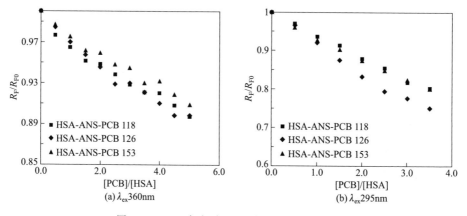

图 4.3　ANS 存在时 PCB 对 HSA 的猝灭曲线

利用 Stern-Volmer 方程定量分析 PCB 对 HSA 的荧光猝灭作用。线性关系的 Stern-Volmer 曲线用来表示动态猝灭或静态猝灭，而线性的偏差则说明同时存在着动态和静态猝灭。在摩尔比率 PCB∶HSA≤2∶1 的条件下，PCB 同系物与 HSA 作用的 Stern-Volmer 曲线如图 4.4 所示。由负偏差的实验结果表明，当升高 HSA 的摩尔比时，PCBs 对 HSA 的荧光猝灭能力降低。不同 PCB 与 HSA 作用的 Stern-Volmer 曲线斜率不同。PCB126 与 HSA 复合

物的斜率最小，这表明与其他 PCB 同系物相比，PCB126 主要与 HSA 中的
Tyr 残基发生作用。

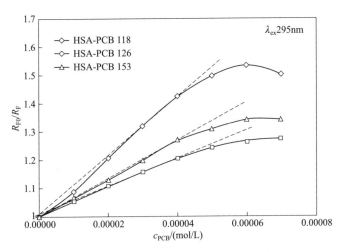

图 4.4　PCB-HSA 体系的 Stern-Volmer 曲线
注：[HSA]=2×10⁻⁵ mol/L

HSA-PCB118、HSA-PCB126 和 HSA-PCB153 复合物的动态和静态猝灭
常数见表 4.6。由表可见，在激发波长 λ_{ex} 280nm 条件下，与 HSA-PCB118
和 HSA-PCB153 相比，HSA-PCB153 复合物的动态猝灭常数较高。这些结
果说明，与共面结构的 PCB126 相比，在 PCB153 与 HSA 的结合中，Tyr 残
基起到的作用较小。

表 4.6　PCB 与 HSA 作用的动态和静态猝灭常数

λ_{ex}/nm	复合物	K_{SV}/(L/mol)	K_V/(L/mol)
	HSA-PCB118	13.43×10³	2.11×10³
295	HSA-PCB126	11.66×10³	2.93×10³
	HSA-PCB153	12.33×10³	5.36×10³
	HSA-PCB118	6.01×10³	5.54×10³
280	HSA-PCB126	6.37×10³	3.70×10³
	HSA-PCB153	11.78×10³	4.15×10³

表 4.7 中给出了 HSA-PCB 复合物的结合常数。由表可见，K_a 值约为
10⁴ 数量级，PCB118、PCB126 和 PCB153 与 HSA 结合能力较弱。虽然 PCBs
与 HSA 之间的相互作用使得 PCBs 可以通过血液循环分布，但由于 PCB 与
HSA 之间的结合相对较弱，使得 PCBs 易与 HSA 分离，然后才被组织和细
胞吸收。与 HSA 结合上的差异可能会影响 PCB 同系物的组织分布和毒性。

基于 Scatchard 方程，可以确定 PCB 在 HSA 分子上的结合位点数，在 λ_{ex} 280nm 以及 295nm 波长激发 Trp-214 和 Tyr 时，n 在 1.31～1.89 之间。

表 4.7　HSA-PCB 复合物的结合常数及结合位点数

λ_{ex}/nm	复合物	$K_a/(L/mol)$	n	$K_a^{①}/(L/mol)$	$n^{①}$
295	HSA-PCB118	2.15×10^4	1.89	2.18×10^4	0.70
	HSA-PCB126	1.74×10^4	1.33	2.00×10^4	0.99
	HSA-PCB153	1.51×10^4	1.47	1.75×10^4	0.88
280	HSA-PCB118	4.73×10^4	1.52	4.92×10^4	0.72
	HSA-PCB126	6.29×10^4	1.31	7.18×10^4	0.79
	HSA-PCB153	2.63×10^4	1.77	2.75×10^4	0.86

① 未线性回归。

4.4　阿特拉津与蛋白质之间相互作用的研究

4.4.1　阿特拉津与牛血清白蛋白之间相互作用的研究

阿特拉津与牛血清白蛋白（BSA）作用体系的共振光散射光谱（曲线 a、曲线 b、曲线 c）和电子吸收光谱（曲线 d、曲线 e）见图 4.5。由图可见，BSA 和阿特拉津各自的散射光强度都比较弱，但是当阿特拉津与 BSA 作用之后，体系的散射光强度大大增强，这说明小分子阿特拉津与蛋白质大分子之间发生了相互作用。从吸收光谱可见，BSA 使得阿特拉津的特征吸收峰强度明显增加且红移，这都表明，阿特拉津与 BSA 之间的作用主要是范德华力以及较强的电子耦合作用。

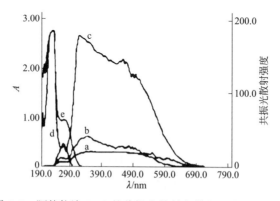

图 4.5　阿特拉津-BSA 的共振光散射光谱和电子吸收光谱
a—BSA（5.0μg/mL）；b—阿特拉津（3.2×10⁻⁵mol/L）；c—阿特拉津（3.2×10⁻⁵mol/L）-BSA（5.0μg/mL）；d—阿特拉津（1.5×10⁻⁶mol/L）；
e—阿特拉津（1.5×10⁻⁶mol/L）-BSA（5.0μg/mL）

4.4.2 阿特拉津及2,4-二氯苯氧乙酸与人血清白蛋白之间相互作用的研究

阿特拉津及2,4-二氯苯氧乙酸（2,4-D）与人血清白蛋白（HSA）之间相互作用的凝胶电泳如图4.6所示。实验结果表明，阿特拉津及2,4-二氯苯氧乙酸和HSA之间有很强的相互作用。在66.5kD上观察到的峰值是由HSA本身引起的，而67.2kD和68.9kD上的峰值则与阿特拉津-HSA复合物有关［图4.7（a）］。同样地，67.5kD和68.7kD的峰值与2,4-D-HSA复合物［图4.7（b）］有关。

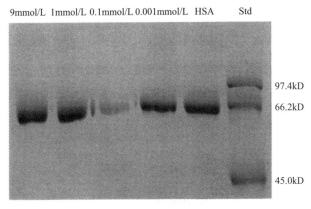

图4.6 十二烷基硫酸钠-聚丙烯酰胺凝胶电泳

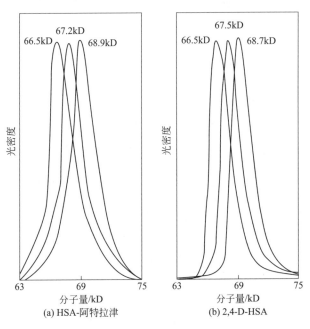

图4.7 HSA-除草剂体系凝胶光密度分析剖面图

每种除草剂的相互作用仅限于两种复合物，摩尔比为3∶1和11∶1的阿特拉津/HSA和摩尔比为4.5∶1和10∶1的2,4-D/HSA。可以推测，每个HSA分子在低药物浓度和高药物浓度分别结合大约3个和11个阿特拉津分子与5个和10个2,4-D分子。

　　图4.8分别显示了在220nm处，HSA（7.25μmol/L）以及复合物HSA（7.25μmol/L）-2,4-D（6.25μmol/L）、HSA（7.25μmol/L）-2,4-D（50μmol/L）、HSA（7.25μmol/L）-2,4-D（250μmol/L）的电泳图。由图可见，这两种化合物2,4-D和HSA-2,4-D复合物被分离，并且迁移时间分别为4.3～4.4min和5.3～5.4min。与HSA本身相比，除草剂-HSA复合物的峰值随着2,4-D浓度的增加而逐渐升高。图4.9展示了复合物峰值高度随除草剂浓度的变化情况。图4.9（a）所示，当2,4-D浓度为50μmol/L以及250μmol/L时，2,4-D-HSA复合物的峰值达到最大且稳定，这表明，2,4-D的结合过程分别位于两个不同的结合位点。阿特拉津-HSA复合物的峰值高度同样随着阿特拉津浓度的增加而逐渐增加［图4.9（b）］，但只有一个峰值。图4.10分别为HSA-2,4-D及HSA-阿特拉津的Scatchard图。

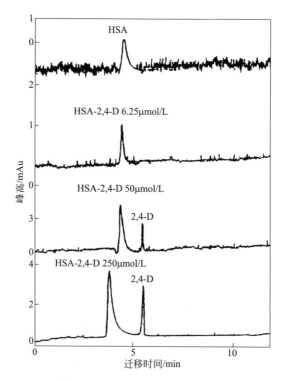

图4.8　220nm处HSA复合物的电泳
pH＝7.2的20mmol/L Tris-HC缓冲液

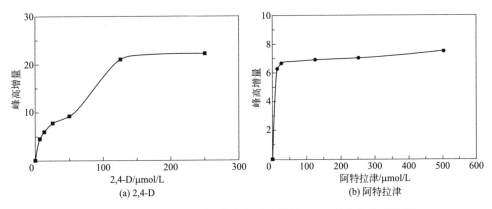

图 4.9　以 2,4-D 和阿特拉津浓度对除草剂-HSA 复合物峰高作图

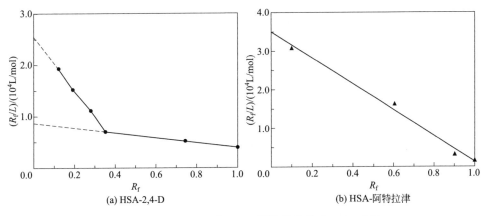

图 4.10　HSA-2,4-D 和 HSA-阿特拉津的 Scatchard 图

如图 4.10（a）可见，HSA-2,4-D 复合物的斜率是双相的，表明存在两种不同的结合位点，假设一个 HSA 分子结合 10 个 2,4-D 分子，那么可以估计会有 4 个 2,4-D 分子结合到强位点和 6 个 2,4-D 分子结合到弱位点。而阿特拉津-HSA 复合物［图 4.9（b）］的斜率是单相的，因此推断只有 1 个结合位点。

　　除草剂-HSA 复合物的红外光谱如图 4.11 所示。红外光谱最上面第一条曲线为蛋白质的 FTIR 光谱，下面 4 条曲线分别为红外差谱。由图可见，HSA 本身以及 HSA-阿特拉津复合物和 HSA-2,4-D 复合物的红外吸收光谱在 1800～1500cm^{-1} 附近。在 1656cm^{-1} 处的蛋白质酰胺 I 带（主要是 C＝O 伸缩振动）和 1542cm^{-1} 处的酰胺 II 带（C—N 伸缩振动及 N—H 弯曲振动）未观察到主要光谱改变。利用二阶导数增强和曲线拟合程序进行红外去卷积，用于确定除草剂存在时蛋白质的二级结构，结果见图 4.11 和表 4.8 和

表 4.9。与除草剂-蛋白复合物的情况类似，HSA 本身的红外差谱和二级结构分析在含有 5% 的甲醇溶液中进行。

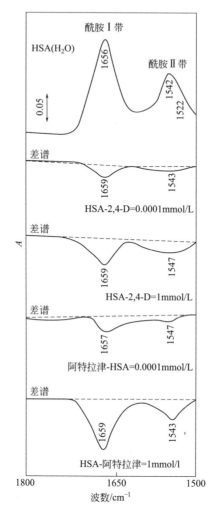

图 4.11 FTIR 光谱和红外差谱

表 4.8 HSA 二级结构及 HSA-阿特拉津复合物的二级结构

酰胺Ⅰ带	$1692\sim1680\mathrm{cm^{-1}}$, 反平行 β-折叠	$1673\sim1666\mathrm{cm^{-1}}$, 转角	$1658\sim1650\mathrm{cm^{-1}}$, α-螺旋	$1640\sim1615\mathrm{cm^{-1}}$, β-折叠
HSA H_2O/%	12.0 ± 1	11.0 ± 1	55.0 ± 3	22.0 ± 2
HSA-阿特拉津 (0.0001mmol/L)/%	15.3	15.8	45.9	23.0
HSA-阿特拉津 (0.001mmol/L)/%	16.0	15.3	45.2	23.5

酰胺 I 带	$1692\sim1680cm^{-1}$，反平行 β-折叠	$1673\sim1666cm^{-1}$，转角	$1658\sim1650cm^{-1}$，α-螺旋	$1640\sim1615cm^{-1}$，β-折叠
阿特拉津-HSA（0.01mmol/L）/%	16.4	14.1	45.1	24.4
阿特拉津-HSA（0.1mmol/L）/%	20.0	14.3	41.4	24.3
阿特拉津-HSA（1.0mmol/L）/%	21.9	14.8	39.3	24.0

表 4.9　HSA 二级结构及 HSA-2,4-D 复合物的二级结构

酰胺 I 带	$1692\sim1680cm^{-1}$，反平行 β-折叠	$1673\sim1666cm^{-1}$，转角	$1658\sim1650cm^{-1}$，α-螺旋	$1640\sim1615cm^{-1}$，β-折叠
HSA（H_2O）/%	12.0±1	11.0±1	55.0±3	22.0±2
HAS-2,4-D（0.0001mmol/L）/%	12.0	13.4	45.0	29.6
HAS-2,4-D（0.001mmol/L）/%	10.7	14.0	45.3	30.0
HAS-2,4-D（0.01mmol/L）/%	11.0	13.8	45.8	29.4
HAS-2,4-D（0.1mmol/L）/%	10.4	12.4	44.8	32.4
HAS-2,4-D（1.0mmol/L）/%	10.7	12.1	44.8	32.4

　　游离蛋白质和除草剂复合物的平均偏差为 1%～3%。

　　除草剂浓度较低（0.0001mmol/L）时，HSA-除草剂复合物的差谱在 $1659\sim1657cm^{-1}$ 处有一个很强的负峰，并且在 $1547\sim1543cm^{-1}$ 内有一个很宽负峰集中，这些都归因于除草剂-HSA 复合物在 $1656cm^{-1}$ 的酰胺 I 带和 $1542cm^{-1}$ 的酰胺 II 带强度的下降。由酰胺 I 带从 $3303cm^{-1}$（肽链 N—H 伸缩振动）向 $3290cm^{-1}$（光谱未显示）低频的变化，可明显显示出除草剂与蛋白质 C—N 基团之间的相互作用。随着除草剂浓度的增加，$1659cm^{-1}$ 和 $1543cm^{-1}$ 处负峰的强度增加，所观察到的光谱变化与高浓度除草剂以及多肽 C—N 基团的进一步相互作用有关。$1656cm^{-1}$ 处的酰胺 I 带强度的降低（$1659\sim1657cm^{-1}$ 处的负峰）是由于蛋白质 α-螺旋结构比例的减少造成的。在蛋白质的络合过程中，2,4-D 羧基伸缩振动由 $1722cm^{-1}$ 转移到较低的频率 $1716cm^{-1}$。同样，在 HSA-除草剂复合物的光谱中，阿特拉津的 N—H 变形

振动和 C—N 伸缩振动由 1626cm^{-1}、1580cm^{-1} 和 1539cm^{-1} 转移到更低频率。HSA 本身在 1522cm^{-1} 处的谱带与酪氨酸侧链振动有关,除草剂络合物没有表现出光谱变化。但当除草剂浓度为 1mmol/L 和 9mmol/L 时,并未在红外差谱图中观察到除草剂-HSA 复合物的形成,这表明当除草剂浓度大于 1mmol/L 时,没有进一步与蛋白质相互作用。

在图 4.12 和表 4.8、表 4.9 中给出了 HSA 的二级结构及其在水溶液(含 5% 甲醇)中除草剂复合物的定量分析结果。HSA 本身主要包含 55% 的 α-螺旋结构、22% 的 β-折叠结构、11% 的转角结构和 12% 的反平行 β-折叠。在固体状态下对 HSA 的 X 射线结构分析结果表明,HSA 含有 66% 的 α-螺旋,比在水溶液和其他溶液中研究得出的 55% 的结果要高。这一 α-螺旋含量的差异是由于蛋白质在固态和水溶液中的结构排布不同,其他的蛋白质也被观察到在固态和水溶液中存在结构差异。在除草剂的作用下,螺旋结构从 55% 减少到 39%~45%,而 β-折叠从 22% 增加到 24%~32%,反平行 β-折叠从 12% 增加到 22%,转角结构在高浓度药物的条件下从 11% 增加到 12%~15%。该无规则卷曲对除草剂复合物的改变微小,观察到的光谱变化与 HSA 和除草剂相互作用下二次结构的变化是一致的。在含有高浓度除草剂药物的条件下,α-螺旋结构的下降有利于 β-折叠结构,暗示了蛋白质的局部展开。通过蛋白质的展开、质子化和热变性观察到蛋白质相似的构象变化从 α-螺旋到 β-折叠。

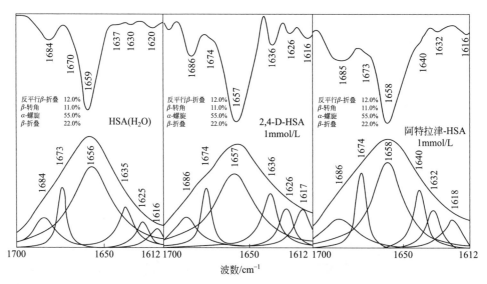

图 4.12　衍生物的分辨率和曲线拟合的酰胺 I 区（$1700\sim1612\text{cm}^{-1}$）、
HSA 二级结构和 HSA-除草剂复合物

4.5　呋喃唑酮与牛血清白蛋白相互作用的研究

由呋喃唑酮与 BSA 之间相互作用的荧光光谱可知，呋喃唑酮使得 BSA 在 344nm 处的荧光峰强度减小并产生一定程度的蓝移，再结合 Stern-Volmer 猝灭常数 K_{sv}（见表 4.10）可推断，呋喃唑酮对 BSA 的荧光猝灭机理主要为静态猝灭。这一结论也得到了紫外吸收光谱的证明，呋喃唑酮与 BSA 之间生成了新的复合物。

表 4.10　不同温度下呋喃唑酮与 BSA 作用的猝灭常数

T/K	K_{sv} /(10^4L/mol)	K_q /[10^{12}L/(mol·s)]	r	K_a /(L/mol)	n	ΔH /(kJ/mol)	ΔG /(kJ/mol)	ΔS/[kJ /(mol·K)]
298	3.903	3.903	0.9954	3.81×10^4	1.00		−26.10	
304	3.104	3.104	0.9940	2.85×10^4	0.99	−30.70	−26.01	−15.43
310	2.668	2.668	0.9941	2.36×10^4	0.99		−25.92	

计算呋喃唑酮对 BSA 的猝灭常数 K_a、结合位点数 n 以及热力学参数列于表 4.10 中。K_a 随温度升高而减小，与静态猝灭结果一致。K_a 值约为 10^4 数量级，表明呋喃唑酮与 BSA 之间有较强的结合作用。ΔH、ΔS 及 ΔG 均为负值，说明呋喃唑酮与 BSA 的作用力主要为氢键和范德华力，且该结合作用是自发的。

4.6　氯酚类污染物与牛血清白蛋白相互作用的研究

采用荧光光谱法研究了氯酚类污染物（邻氯酚、对氯酚、2,4-二氯酚、2,4,6-三氯酚及五氯酚）与牛血清白蛋白（BSA）之间的相互作用机制。实验结果表明，五氯酚、2,4,6-三氯酚和高浓度的 2,4-二氯酚会对 BSA 的色氨酸固有荧光产生明显的猝灭作用，但邻氯酚和对氯酚对 BSA 的荧光猝灭不明显。

298K、308K 及 318K 温度下，由 Stern-Volmer 方程以及 Lineweaver-Burk 静态猝灭方程分别计算了 2,4-二氯酚、五氯酚以及 2,4,6-三氯酚对 BSA 的动态猝灭常数和静态猝灭常数，列于表 4.11。由表中数据可见，2,4-二氯酚、五氯酚以及 2,4,6-三氯酚的 K_{sv} 以及静态猝灭常数（K_{LB}）均随着温度的增加而增加；且动态猝灭速率常数 K_q（约 10^{12} 数量级）均大于猝灭剂对生物大分子的最大碰撞散射猝灭常数 2.0×10^{10} L/(mol·s^{-1})，这些都表明 2,4-二氯酚、五氯酚以及 2,4,6-三氯酚对 BSA 的荧光猝灭机制为静态猝灭。

表 4.11　氯酚与 BSA 作用的猝灭常数

氯酚类污染物	T/K	$K_{SV}/(L/mol)$	$K_q/[L/(mol \cdot s)]$	$K_{LB}/(L/mol)$
	298	1.63×10^4	3.26×10^{12}	1.82×10^4
2,4-二氯酚	308	1.46×10^4	2.92×10^{12}	1.55×10^4
	318	1.34×10^4	2.68×10^{12}	1.25×10^4
	298	2.61×10^5	2.61×10^{13}	2.92×10^5
2,4,6-三氯酚	308	2.46×10^5	2.46×10^{13}	2.73×10^5
	318	2.25×10^5	2.25×10^{13}	2.49×10^5
	298	3.35×10^5	6.70×10^{13}	3.44×10^5
五氯酚	308	3.05×10^5	6.10×10^{13}	3.17×10^5
	318	2.64×10^5	5.28×10^{13}	2.82×10^5

4.7　十溴联苯醚与牛血清白蛋白相互作用的研究

用荧光光度法研究十溴联苯醚（Deca-BDE）与牛血清白蛋白（BSA）的相互作用机制。277K、298K 和 310K 条件下，Deca-BDE 对 BSA 的动态猝灭速率常数、猝灭速率常数、Stern-Volmer 猝灭常数、结合常数、结合位点数以及热力学常数见表 4.12。实验结果表明，Deca-BDE 对 BSA 具有荧光猝灭作用，其过程为静态猝灭。Deca-BDE 与 BSA 的结合常数约为 10^5 L/mol，结合位点数约为 2，这表明 Deca-BDE 与 BSA 形成较稳定的 2：1 复合物。Deca-BDE 与 BSA 结合反应的热力学常数 $\Delta G < 0$，$\Delta H > 0$，$\Delta S > 0$，说明二者相互作用是一个自发的吸热过程，因此判断 Deca-BDE 与 BSA 的相互作用力主要是疏水作用力。

表 4.12　Deca-BDE 与 BSA 的动态猝灭速率常数、猝灭速率常数、Stern-Volmer 猝灭常数、结合常数、结合位点数以及热力学常数

T/K	K_{SV} /(L/mol)	K_q /[L/(mol·s)]	$K/(L/mol)$	n	ΔH /(kJ/mol)	ΔG /(kJ/mol)	ΔS /[J/(K·mol)]
277	137396	1.37×10^{13}	1.92×10^5	1.85	0.87	-28.02	104.28
298	130952	1.31×10^{13}	1.97×10^5	1.99	5.80	-30.21	120.82
310	162356	1.62×10^{13}	2.16×10^5	2.09	2.53	-31.66	123.44

4.8 全氟壬酸与人血清白蛋白作用的研究

用荧光光谱法研究全氟壬酸（PFNA）与人血清白蛋白（HSA）的相互作用机制。实验结果表明，PFNA 本身没有荧光，但可以猝灭 HSA 的荧光，且使得其吸收峰位置发生蓝移。PFNA 与 HSA 相互作用的动态猝灭速率常数 K_{sv} 随温度的升高而降低，但 K_q 均远大于 2.0×10^{10} L/(mol·s)，说明 PFNA 对 HSA 的荧光猝灭可能是动静态相结合的猝灭方式。

用三维荧光光谱法研究 PFNA 对 HSA 构象的影响（见图 4.13），实验结果表明，PFNA 可以使 HSA 多肽链骨架更加紧密，色氨酸残基和酪氨酸残基微环境极性减小，疏水性增加。

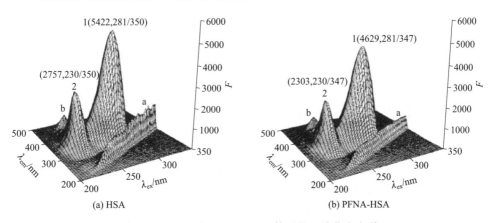

图 4.13　HSA 和 PFNA-HSA 体系的三维荧光光谱

用圆二色光谱法研究 PFNA 对 HSA 构象的影响。实验结果表明，HSA 与 PFNA 复合物的二级结构仍然以 α-螺旋为主，但 α-螺旋含量明显降低 14.3%，β-折叠和 β-转角也有所降低，而无规卷曲则显著增加。表明 PFNA 促使 HSA 分子部分结构解螺旋，二级结构稳定性降低。

4.9 全氟烷酸与人肝脏型脂肪酸结合蛋白之间相互作用的研究

采用圆二色光谱法研究全氟烷酸（PFAAs）与人肝脏型脂肪酸结合蛋白（HL-FABP）之间相互作用的机理。研究结果表明，四种 PFAA 对 WT HL-FABP 结构变化的影响为：全氟壬酸（PFNA）＞全氟辛酸（PFOA）＞全氟己酸（PFHxA）/全氟己烷磺酸（PFHxS）。

4.10 多环芳烃及其衍生物与蛋白质之间的相互作用

4.10.1 菲、芘、苯并[a]芘与蛋白质之间的相互作用

用毛细管电泳法研究多环芳烃（菲、芘、苯并[a]芘）与牛血红蛋白（HbB）、牛血清白蛋白（BSA）、人血清白蛋白（HSA）之间的相互作用，其平衡常数见表 4.13。由表可见，菲、芘、苯并[a]芘与 HbB 之间的作用，要比与 BSA 和 BSA 之间相互作用强一些。

表 4.13　菲、芘、苯并[a]芘与蛋白质作用的平衡常数 K

单位：$10^3\,L/mol$

多环芳烃	HbB	BSA	HSA
菲	18.2	3.96	5.85
芘	22.2	4.93	9.74
苯并[a]芘	28.8	7.88	13.9

4.10.2 1-芘丁胺与 C-myc DNA 之间的相互作用

用紫外光谱法研究 1-芘丁胺与 C-myc DNA 之间的相互作用，紫外吸收光谱见图 4.14。由图 4.14（a）可见，加入 DNA 后，1-芘丁胺在 312nm 处的吸收峰强度增加，但位置和峰形未发现明显变化；在 325nm 处的吸收峰强度减小并红移至 330nm；在 340nm 处的吸收峰强度减小并略红移至 342nm，这说明 1-芘丁胺与 DNA 之间形成了复合物。由图 4.14（b）可见，加入 1-

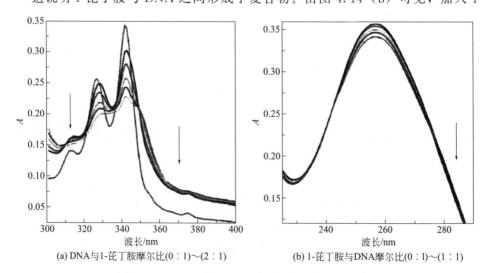

(a) DNA与1-芘丁胺摩尔比(0:1)～(2:1)　　(b) 1-芘丁胺与DNA摩尔比(0:1)～(1:1)

图 4.14　1-芘丁胺与 C-myc DNA 作用的紫外光谱

芘丁胺后，DNA 在 260nm 处的特征吸收峰强度减小，但位置和峰形未发现明显变化，这说明 1-芘丁胺与 DNA 之间为非完全嵌插作用。

4.10.3　芘类衍生物与人类肿瘤相关 DNA 之间的相互作用

用荧光光谱法研究芘类衍生物 1-羟基芘（1-OHP）、1-氨基芘（1-AP）、1-芘丁醇（1-PBO）和 1-芘丁胺（1-PBA）与 DNA 之间的相互作用。研究结果表明，DNA 的加入使芘类衍生物的荧光强度明显降低，计算其猝灭常数（%）$=(F-F_0)/F_0\times100\%$（F_0 为未加 DNA 时芘类衍生物荧光值，F 为与 DNA 混合后芘类衍生物荧光值），列于表 4.14。由表可见，当 DNA 与芘类衍生物摩尔比约为 20∶1 时，荧光猝灭程度很大，说明芘类衍生物分子与 DNA 发生了作用，可能为嵌插入 DNA 分子中，改变了芘类衍生物分子的微环境，使荧光猝灭。

表 4.14　芘类衍生物与 DNA 相互作用的常数

芘类衍生物	$K_{SV}/$ $(10^5 L/mol)$	$K_q/$ $[10^{13}L/(mol \cdot s)]$	$\triangle^{①}/\%$	n	$K_b/$ (L/mol)
C-myc+1-AP	1.81	1.81	78.24	1.14	0.84×10^6
P53+1-AP	1.88	1.88	87.52	1.13	1.53×10^6
C-myc+1-OHP	1.97	1.97	72.34	1.07	4.04×10^5
P53+1-OHP	2.53	2.53	82.93	1.13	1.16×10^6
C-myc+1-PBA	3.50	3.50	89.54	0.45	1.22×10^3
P53+1- PBA	4.26	4.26	93.06	0.46	1.97×10^3
C-myc+1-PBO	1.32	1.32	77.34	0.56	1.39×10^3
P53+1- PBO	1.57	1.57	78.38	0.58	2.04×10^3

① 猝灭常数 $\triangle(\%)=(F-F_0)/F_0\times100\%$

从表中结合常数可见，结合能力强弱顺序为 1-氨基芘＞1-羟基芘＞1-芘丁醇＞1-芘丁胺，说明取代基增长，结合能力减弱；从表中猝灭常数可见，对于长度相同的不同取代基，—NH$_2$ 取代比—OH 取代作用强。DNA 对芘类衍生物的猝灭速率约为 10^{13} L/(mol·s)，均大于 10^{12} L/(mol·s)，说明 DNA 对芘类衍生物的荧光猝灭主要为静态猝灭。

4.10.4　蒽与牛血清白蛋白之间相互作用的研究

4.10.4.1　蒽与牛血清白蛋白的相互作用机制

蒽与 BSA 作用的荧光光谱见图 4.15。实验结果表明，随着蒽浓度的增加，牛血清白蛋白（BSA）的荧光强度逐渐降低，即蒽的加入使得 BSA 的荧光被猝灭。

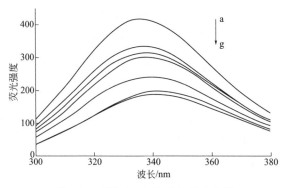

图 4.15 䓛与 BSA 作用的荧光光谱

注：曲线 a→g 对应䓛浓度分别为 0，0.5×10^{-5} mol/L，1×10^{-5} mol/L，1.5×10^{-5} mol/L，2×10^{-5} mol/L，2.5×10^{-5} mol/L，3×10^{-5} mol/L

　　假设䓛对 BSA 的猝灭为动态猝灭，则可以用 Stern-Volmer 方程 $F_0/F=1+K_q\tau_0[Q]=1+K_{sv}[Q]$（$F_0$ 和 F 分别为未加䓛及加入䓛后，BSA 的荧光强度；K_q 为动态猝灭速率常数；τ_0 为生物大分子的平均寿命；BSA 为 10^{-8} s；$[Q]$ 为䓛的浓度；K_{sv} 为 Stern-Volmer 猝灭常数）计算䓛对 BSA 的动态猝灭常数为 4.44×10^{12} L/(mol·s)，大于猝灭剂对生物大分子的最大扩散碰撞猝灭速率常数 $[2.0\times10^{10}$ L/(mol·s)]，因此可判断䓛对 BSA 的作用非动态猝灭，而应该是静态猝灭。

4.10.4.2　结合常数和结合位点

　　由静态猝灭结果可知，䓛和 BSA 之间形成了复合物。以 $\lg[(F_0-F)/F]$ 对 $-\lg[Q]$ 作图（见图 4.16），由曲线斜率及截距计算得，298K 时，䓛对 BSA 的结合常数 K 以及结合位点数 n 分别为 5.01×10^4 L/mol 和 1.0。

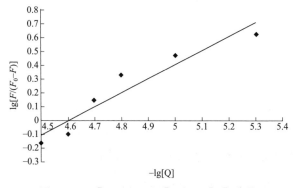

图 4.16　$\lg[(F_0-F)/F]$ 对 $-\lg[Q]$ 曲线

4.10.4.3　BSA 和䓛的作用力类型

　　BSA 和䓛相互作用的热力学常数见表 4.15。由表可见，ΔH 和 ΔS 均为负数，说明 BSA 和菧之间的作用力类型主要为范德华力和氢键。ΔG 也为负数，说明结合过程是自发进行的。

表 4.15　菧-BSA 结合的热力学常数

T/K	$\Delta H/(kJ/mol)$	$\Delta S/(J/K)$	$\Delta G/(kJ/mol)$
298	−73.57	−156.94	−26.80
310		−157.06	−24.88

4.10.4.4　BSA 和菧之间的能量转移

根据菧 Förster 非辐射能量转移理论，当 BSA 的荧光发射光谱与菧的紫外吸收光谱有足够的重叠，且作用距离小于 7nm 时，则 BSA 和菧之间会发生非辐射能量转移。BSA 的荧光发射光谱与菧的紫外吸收光谱见图 4.17。

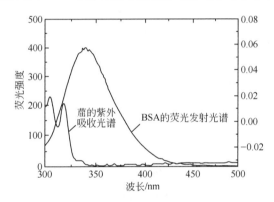

图 4.17　BSA 的荧光发射光谱与菧的紫外吸收光谱

实验结果表明，BSA 的荧光发射光谱与菧的紫外吸收光谱重叠区域积分值 $J = 7.89 \times 10^{-16}\ cm^3 L/mol$，临界距离 $R_0 = 1.60nm$，能量转移效率 $E = 25.11\%$，BSA 与菧的距离 $r = 1.92nm$。有数据可知，BSA 和菧之间很有可能发生了非辐射能量转移。

4.10.4.5　菧对 BSA 构象的影响

（1）同步荧光光谱

同步荧光能够提供生色团分子周围环境的信息，与常用的荧光法相比，同步荧光最大的不同是同时扫描激发和发射波长。同步荧光光谱，$\Delta\lambda = 15nm$ 仅显示酪氨酸残基光谱特征，而 $\Delta\lambda = 60nm$ 仅显示色氨酸残基光谱特征。色氨酸残基的最大发射波长与其环境极性有关，因此可以通过发射光谱的变化推断 BSA 的构象变化。

菧与 BSA 作用的同步荧光光谱见图 4.18。如图可见，随着菧浓度的增加，色氨酸残基和酪氨酸残基的荧光强度均呈现下降趋势，但相比而言，色氨酸残基的荧光强度下降更为明显，这表明，荧光强度主要由色氨酸残基提供。此外，色氨酸残基和酪氨酸残基的荧光发射峰位置均存在轻微红移，这表明䓛诱导 BSA 构象发生变化。

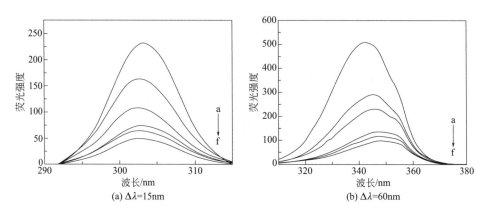

图 4.18　䓛与 BSA 作用的同步荧光光谱

注：曲线 a→f 对应䓛浓度分别为 0，0.5×10^{-5} mol/L，10^{-5} mol/L，1.5×10^{-5} mol/L，2×10^{-5} mol/L，2.5×10^{-5} mol/L

（2）三维荧光光谱法

三维荧光光谱可以提供更多具体的蛋白质构象变化信息。BSA 与䓛相互作用的三维荧光光谱等高线图见图 4.19。由图可见，随着䓛的加入，瑞利散射峰增强，可能的原因是䓛-BSA 复合物的形成使得分子直径增加。$\lambda_{ex} = 280$nm 和 $\lambda_{em} = 350$nm 处的吸收峰可以用来揭示色氨酸残基和酪氨酸残基的荧光变化，随着䓛浓度的增加，荧光强度降低，这说明䓛的加入使得 BSA 荧光被猝灭。

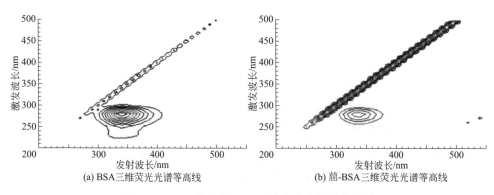

图 4.19　BSA 以及䓛-BSA 三维荧光光谱等高线图

第5章
POPs与蛋白质相互作用研究的前景及展望

目前，小分子与生物大分子相互作用的研究已引起了各国科学家的普遍重视。随着分子生物学和 生物物理学相关理论的不断完善，以及仪器技术的进步，研究小分子与蛋白质的方法也不断推陈出新，使得这一领域有了很大的发展，为深入了解配体与受体相互作用机理、靶蛋白的生理功能以及解毒剂的研发提供了理论基础。生命科学涉及大分子与大分子或小分子与大分子之间的相互作用，这些相互作用的体系比较复杂，作用形式不只限于化学键断裂、组合或重排，还包含了许多弱相互作用；此外，这些相互作用涉及复杂的结构变化，其中大分子可能产生有序的高级结构重组，并发生能量转移、信号分子传递等新的变化。尽管几十年来，科研人员在该领域已开展了大量的研究，但进一步深入研究不仅具有十分重要的科学意义，而且小分子与蛋白质作用机理的应用仍然具有很大的发展潜力，是毒理学、化学、分子生物学、生命科学中的重要课题。例如，研究有机毒性物质与蛋白质之间的相互作用，为考察毒物与蛋白质的作用方式、了解毒物在生物体内的分配、作用和代谢规律提供参考依据。金属离子与蛋白质的作用研究，有助于进一步了解蛋白质的功能和生命本质等。

本书对POPs与蛋白质相互作用方面已经做了一些深入的研究，结合相关领域的研究成果，对研究毒物与蛋白质相互作用的现状提出如下的前景与展望：从研究对象上看，小分子的结构具有一定的归宿性，作为研究溶液中蛋白质分子构象的一种有效方法，荧光光谱法的测定条件更接近生命体的生理环境，因此应系统、深入地研究系列小分子与蛋白质相互作用，力求得到完整的荧光光谱数据。通过对多种经典光谱法进行改进和联合，可使其应用范围更加广泛。如荧光技术中的三维荧光光谱法、均相时间分辨荧光分析法、荧光极化分析法、时间分辨荧光能量转移法和荧光关联光谱法，这些新技术的出现为研究提供了更广泛的空间。同时，其他实验技术的不断发展和完善，使得这一领域的研究越来越深入。对用光谱法来显示出相互作用的毒物-蛋白质体系，建立新的研究方法来探求它们相互作用的机理与模式。由于蛋白质构象的复杂性，对各种手段单独得出的测试结果不宜轻易下结论，而应该综合运用多种实验方法研究同一课题，利用方法之间的互补，相互进行比较、对照，以获取更多、更可靠的信息。借助计算机技术的发展，进一步完善分子模拟效果、深化毒物对蛋白质活性部位结合特征的探讨并与实验结果做比较。已有的有机分子与生物大分子相互作用的研究，大多在体外进行研究，能否建立新的研究方法，进行活体、适时、在线的取样，以此得到更科学合理的数据和结果。通过做动力学实验，追踪毒物代谢的过程，探求毒物或蛋白质结构的变化，进行毒理实验也是很有必要的，尤其利用简单灵敏的各种光谱法，建立一整套完整的毒理实验数据是一项新型而实用的工作。

参 考 文 献

[1] 苏丽敏，袁星. 持久性有机污染物（POPs）及其生态毒性的研究现状与展望 [J]. 重庆环境科学，2003，25（9）：62-64，73.
[2] 刘征涛. 持久性有机污染物的主要特征和研究进展 [J]. 环境科学研究，2005，18（3）：93-102.
[3] GB/T 14550—2003 土壤中六六六和滴滴涕测定的气相色谱法 [S].
[4] SNT 1978—2007 进出口食品中狄氏剂和异狄氏剂残留量检测方法 气相色谱-质谱法 [S].
[5] GB/T 14551—2003 动、植物中六六六和滴滴涕测定的气相色谱法 [S].
[6] SNT 0663—2014 出口肉及肉制品中七氯和环氧七氯残留量测定 [S].
[7] GB 5009.190—2014 食品安全国家标准 食品中指示性多氯联苯含量的测定 [S].
[8] GB/T 8381.8—2005 饲料中多氯联苯的测定-气相色谱法 [S].
[9] SNT 0127—2011 进出口动物源性食品中六六六、滴滴涕和六氯苯残留量的检测方法 气相色谱-质谱法 [S].
[10] 孙伟，焦奎，刘晓云. 电化学法研究蛋白质和茜素红 S 的相互作用 [J]. 分析化学，2002，30（3）：312-314.
[11] 李莉. 环境中苯系污染物与人类肿瘤相关 DNA 的相互作用研究 [J]，南京师范大学，2013.
[12] 何攀. 药物-人血清白蛋白相互作用的毛细管电泳法研究 [J]，河北大学，2009.
[13] 沈昊宇，朱凡，施炜，等. 三聚氰胺与鲱鱼精 DNA 相互作用研究 [J]. 化学学报，2010，68（17）：1719-1725.
[14] 夏锦尧. 实用荧光分析法 [M]. 北京：中国人民公安大学出版社，1992.
[15] 谢晓芸. 内分泌干扰物与人血清白蛋白相互作用的研究 [D]. 兰州：兰州大学，2007.
[16] GB 13580.2—1992 大气降水样品的采集与保存 [S].
[17] HJ 664—2013 环境空气质量监测点位布设技术规范 [S].
[18] HJ/T 167—2004 室内环境空气质量监测技术规范 [S].
[19] GB 17378.3—2007 海洋监测规范 第 3 部分：样品采集、贮存与运输 [S].
[20] GB/T 5750.2—2006 生活饮用水标准检验方法 水样的采集和保存 [S].
[21] HJ/T 91—2002 地表水和污水监测技术规范 [S].
[22] HJ/T164—2004 地下水环境监测技术规范 [S].
[23] HJ 495—2009 水质-采样方案设计技术规定 [S].
[24] HJ 494—2009 水质-采样技术指导 [S].
[25] HJ 493—2009 水质 样品的保存和管理技术规定 [S].
[26] DB21T 1289—2004 土壤样品采集、制备和贮存 [S].
[27] NYT 1121.1—2006 土壤检测 第 1 部分：土壤样品的采集、处理和贮存 [S].
[28] HJ/T 166—2004 土壤环境监测技术规范 [S].
[29] GB 15618—1995 土壤环境质量标准 [S].
[30] GB/T 7492—1987 水质 六六六、滴滴涕的测定 气相色谱法 [S].
[31] SNT 0159—2012 出口水果中六六六、滴滴涕、艾氏剂、狄氏剂、七氯残留量测定 气相色谱法 [S].
[32] GB/T 9695.10—2008 肉与肉制品 六六六、滴滴涕残留量测定 [S].
[33] GB/T 13090—2006 饲料中六六六、滴滴涕的测定 [S].
[34] GB/T 25001—2010 纸、纸板和纸浆 7 种多氯联苯（PCBs）含量的测定 [S].
[35] HJ 715—2014 水质 多氯联苯的测定 气相色谱-质谱法（发布稿）[S].
[36] JAP—006 艾氏剂、异狄氏剂和狄氏剂检测方法 [S].
[37] JAP—089 六六六、滴滴涕、艾氏剂、三氯杀螨醇、狄氏剂、七氟菊酯、氟乐灵、苄螨醚和甲氰菊酯检测方法 [S].

［38］NYT 1661—2008 乳与乳制品中多氯联苯的测定 气相色谱法［S］．

［39］SN 0167—1992 出口啤酒花中六六六、滴滴涕残留量检验方法［S］．

［40］SN 0181—1992 出口中药材中六六六、滴滴涕残留量检验方法［S］．

［41］SNT 0145—2010 进出口植物产品中六六六、滴滴涕残留量测定方法 磺化法［S］．

［42］石登荣，张涛，任丽萍，等．阿特拉津与蛋白质结合反应及其在测定蛋白质中的应用［J］．光谱学与光谱分析，2006，26（3）：509-512．

［43］周瑞明，沈永嘉．蛋白质二级结构的红外光谱［J］．华东理工大学学报，1997，23（4）：422-425．

［44］曹慧明．多氯联苯类化合物与人血清白蛋白的相互作用研究［D］．兰州：兰州大学，2012．

［45］李蔚博，张国文，潘军辉，等．呋喃唑酮与牛血清白蛋白相互作用的荧光光谱［J］．南昌大学学报（理科版），2010，34（6）：566-570．

［46］艾芳婷，易忠胜，蒙延娟，等．2,3,3′-三氯联苯与人血清白蛋白之间相互作用的计算模拟及光谱研究［J］．分析测试学报，2014，33（2）：179-184．

［47］谢显传，王晓蓉，张幼宽，等．十溴联苯醚与牛血清白蛋白相互作用的荧光光谱研究［J］．分析化学，2010，38（10）：1479-1482．

［48］王珊，高奕红．以草甘膦，马拉·毒死蜱为模型研究有机磷农药与牛血清白蛋白的相互作用［J］．化工科技，2015，23（2）：27-31．

［49］李慧芳．有机氯农药与牛血清白蛋白作用机理研究［J］．应用化工，2014，43（2）：231-235．

［50］沈星灿，梁宏，何锡文．圆二色光谱分析蛋白质构象的方法及研究进展［J］．分析化学，2004，32（3）：388-394．

［51］昊明和．圆二色光谱在蛋白质结构研究中的应用［J］．氨基酸和生物资源，2010，32（4）：77-80．

［52］陈岩．氯酚类污染物与牛血清白蛋白相互作用的表观及微观效应研究［D］．武汉：武汉大学，2011．

［53］盛南．全氟烷基化合物与人肝脏脂肪酸结合蛋白相互作用研究［D］．桂林：广西师范大学，2014．

［54］胡淳英．新型环境污染物与人血清白蛋白的相互作用研究［D］．北京：中央民族大学，2016．

［55］王田虎．药物与生物分子相互作用的光谱特性分析与研究［D］．南京：南京航空航天大学，2011．

［56］杨朝霞．几种药物小分子与蛋白质相互作用的光谱研究［D］．长沙：湖南师范大学，2008．

［57］彭鑫．中药丹参活性成分与血清白蛋白的相互作用研究［D］．天津：天津大学，2013．

［58］王佳佳．头孢克肟与牛血清白蛋白相互作用及微生物活性测定中的荧光分析方法研究［D］．沈阳：东北大学，2012．

［59］郑泉．荧光光谱法研究金属与蛋白质的相互作用［D］．杭州：中国计量学院，2015．

［60］黄汉昌，姜招峰．芦丁与人血清白蛋白相互作用的紫外可见光谱特性研究［J］．天然产物研究与开发，2011，23：476-481．

［61］孟丽艳，屈凌波，杨冉，等．紫外吸收光谱和荧光光谱法研究大黄酚与牛血清白蛋白相互作用机制［J］．理化检验-化学分册，2009，45：1169-1173．

［62］倪永年，张方圆，张秋兰．光谱法研究刺芒柄花素与牛血清白蛋白的相互作用［J］．南昌大学学报（理科版），2011，35（2）：146-150．

［63］阚青民．几种药物小分子与生物大分子相互作用的研究［D］．南昌：南昌大学，2007．

［64］张韬，李奇楠．采用红外差谱技术精确测量光学晶体的吸收系数［J］．齐齐哈尔大学学报，2012，28（6）：78-79．

［65］边平凤．生物大分子与小分子相互作用研究［D］．杭州：浙江大学，2008．

［66］Brahms S, Brahms J. Determination of protein secondary structure in solution by vacuum ultraviolet circular dichroism［J］. Journal of Molecular Biology, 1980, 138（2）：149-178.

［67］周娟，金桂云，孙婷荃，等．圆二色法研究铜离子存在下葛根素对牛血清白蛋白二级结构的影响［J］．分析试验室，2014，33（1）：35-38．

［68］黄汉昌，姜招峰，朱宏吉．紫外圆二色光谱预测蛋白质结构的研究方法［J］．化学通报．2007，（7）：501-506．

［69］周娟，金桂云，孙婷荃，等．圆二色法研究铜离子存在下葛根素对牛血清白蛋白二级结构的影响［J］．分析试验室，2014，33（1）：35-38．

［70］丁成荣，高晓茹，许莉，等．紫外和圆二色光谱研究三环唑与牛血清白蛋白的相互作用［J］．农药，2010，49（1）：29-38．

［71］谢显传，王晓蓉，张幼宽，等．荧光光谱法研究全氯辛酸与牛血清白蛋白的相互作用［J］．中国环境

科学，2010，30（11）：1496-1500.

［72］Qin P F，Liu R T，Pan X R，et al. Impact of carbon Chain length binding of Perfluoroalkyl acids to bovine serum albumin determined by spectroscopic methods［J］. Agric Food Chem，2010，the 58（9）：5561-5567.

［73］Wu L L，Gao H W，Gao N Y，et al. Interaction of perfluorooctanoic acid with human aerum albumin［J］. BMC Struct Biol 2009，9（1）：31-37.

［74］Qiang Li，Wen-yue Yang，Ling-ling Qu，et al. Interaction of Warfrin with Human Serum Albumin and Effect of Ferulic Acid on the Binding［J］. Journal of Spectroscopy，2014，Article ID 834501，7 pages.

［75］Eva C Bonefeld-JØrgensen，Manhai Long，Marlene V Hofmeister，et al. Endocrine-Disrupting Potential of Bisphenol A，Bisphenol A Dimethacrylate，4-n-Nonylphenol，and 4-n-Octylphenol in Vitro：New Data and a Brief Review［J］. Environmental Health Perspectives，2007，12（115）：69-76.

［76］Joana R Almeida，Carlos Gravato，Lúcia Guilhermino. Challenges in assessing the toxic effects of polycyclic aromatic hydrocarbons to marine organisms：A case study on the acute toxicity of pyrene to the European seabass（Dicentrarchus labax L.）［J］. Chemosphere，2012（86）：926-937.

［77］Ying Gou，Jennifer Weck，Raieswari Sundaram，et al. Urinary Concetration of Phthalates in Couples Planning Pregnacy and Ist Association with 8-Hydroxy-2'-deoxyguanosine，aBiomarker of Oxidative Stress：Longitudinal Investigation of Fertility and the Environment Study［J］. Environmental Science& Technology，2015（48）：9804-9811.

［78］Huiping Hu，Shengquan Liu，Chunyan Chen，et al. Two novel zeolitic imidazolate frameworks（ZIFs）as sorbents for solid-phase extraction（SPE）of polycyclic aromatic hydrocarbons（PAHs）in environmental water samples［J］. Analyst，2014，IDO：10. 1039/C4AN01410C.

［79］Manjumol Mathew，S Sreedhanya，P Manoj，et al. Exploring the Interaction of Bisphenol-S with Serum Albumins：A Better or Worse Alternative for Bisphenol A［J］. Physical Chemistry B，2014（118）：3832-3843.

［80］Yumin Niu，Jing Zhang，Hejun Duan，et al. Bisphenol A and nonylphenol in foodstuffs：Chinese dietary exposure from the 2007 total diet study and infant health risk from formulas［J］. Food Chemistry，2015（167）：320-325.

［81］XiaoYun Xie，WenJuan Lü，XingGuo Chen. Binding of the endocrine disruptors 4-tert-octylphenol and 4-nonylphenol to human serum albumin［J］. Journal of Hazardous Matrrials，2013（248-249）：347-354.

［82］Xiangyu Cao，Dianbo Dong，Jianli Liu，et al. Studies on the interaction between triphenyltin and bovine serum albumin by fluorescence and CD spectroscopy［J］. Chemosphere，（2013）．